書店圖鑑

體驗一日店員，揭開書店工作日常！

[illegible]川由依

楓書坊

目次 & 書店店員的真實雙六遊戲

不好意思!!
這本書放在哪裡？
嘿！
嘿！

真厲害，不愧是店員
您過獎了
害羞

前言
大家好
我叫作今川由依！
我在岡山
當一名書店店員。
岡山縣
雖然我是因為喜歡書而成為書店店員…
有書 有咖啡 再加上甜點 就無敵了…♫
不過在我孩提時期…
果然還是喜歡看書！
小學3年級的我
呼—
太棒了…
夏天的樂趣是在涼爽的房間內一邊看書一邊喝茶…。
跟現在完全沒變。
我會在學校圖書室用代書板交替閱讀各式各樣的書…
「代書板」：把想借的書從書架上抽出來再插進去補位的板子。
漫畫傳記叢書
小說
繪本
圖鑑
動物
貼有自己的名字
我也很愛看喜歡的課本，是個奇怪的小孩…
道德課本 會因不同的章節換不同的插圖，看起來很有趣。
美勞課本 可以看到各種兒童的手工作品，我特別愛看。
美勞
就算現在看也很有趣。
道德
※但我不是特別愛唸書
除了看書也喜歡畫畫，
畫給朋友看。
嘿嘿嘿
害羞
好會畫
真好~
喔！
老師！
畫給關係好的老師看。
我常畫好插圖或漫畫後請身邊的人看看，然後受到誇獎。
因此我的孩提時期
母親似乎
這孩子只要有書、紙跟筆就能自己一直玩下去耶…
這麼覺得……
母
嘿嘿嘿~♪
手邊總是有書或筆記本。

其他還喜歡生活與家庭課的課本。（很像生活風格書）

每次都在最後一頁寫感想給我。謝謝你老師…

現在回想起來，
國中跟高中時有幾次碰到「與書有關的工作」。
開始
回想…
第1次機會
國中時因為想加入圖書委員會
想當圖書委員的人~
所以舉手提名自己。
我想！
結果第1輪猜拳就錯失機會。
剪刀石頭布
這時的猜拳決定我接下來的人生啊…
第2次機會
高中職場體驗！
可以體驗的職場一覽表。
竟然有書店!!
就選這裡吧!!
雖然提交了去書店體驗職場的意願表…
但果然還是沒被選上……
今川去居家量販店!!
○○去書店—
好的…
太好了—
大哭—
我只能單方面對書本傾注愛意
為什麼!? 我明明這麼愛你…
See you…
妳太誇張了。
但卻得不到對方的回應…
不過國中時我曾加入宣傳委員會…
公告
貼貼
就隨心所欲吧！
要公布的事情也沒很多……
用色紙做裝飾或隨意利用公告欄…
（這應該是我做POP廣告的起點…）
高中則會在社團活動結束後去書店
沉浸在童書區的高中生…
用打工的錢買繪本…
持續我那單相思般的喜愛…

但是成為大人後……
行政職
奇怪……?
進入跟書完全無關的職場。
不過下班後還是會去書店走一走。
有了!!
就是這本!
新書專區
書店對那時的我來說是放鬆身心的地方……
也看些別的吧!
快速
快速
快速
(總是待在裡面30分~1小時)
假日更愛到四處看書……
圖書館
二手書店
書店
今天去哪裡好呢~
不知不覺就會去有書的地方。
當時的職場內大家關係都很好,
星期五晚上下班後
會跟大家一起玩。
不僅休假多,薪水也很穩定,但是……
不知為何總覺得
煩悶……
心中有種說不出的寂寞。
毅然離職後……
好……好難……
接受設計相關的職業訓練……
試著把興趣變成工作吧!
找設計相關的職缺。
翻
翻
雖然這麼想……

但全都是「限有經驗」。
只限有經驗
經驗
唉…
有經驗
這麼說也是啦…
經驗
經驗
限有經驗
走投無路了…
但我也不想做跟以前一樣的行政職…
毫無幹勁
就在這時我在徵才情報誌上發現的…
翻頁
翻頁…
嗯?
是書店店員的工作。
想不想在書堆裡工作呀
書店店員…!
這時
……
我重新了解到自己時至今日真正喜歡什麼…
雖然感到不安…
只有一次的人生!
怎能不隨自己的心意過活呢!?
振作
但我幫自己加油打氣。
至今我都是在雙親的建議下選擇出路。
不好意思,我看到你們的徵才資訊…
但只有這時不同,我自行決定去應徵。
然後接受面試…
有喜歡的出版社嗎?
呃…筑摩書房!
※因為他們出版我喜歡的文庫
真老派呢…
店長
順利錄取!
你被錄取了。
猛然
咦,謝謝你們!我會加油的

↑之後被笑說怎麼會這麼開心成這樣…

終於…
結束通話
手汗超誇張…
嗶
我終於…
令人嚮往的書店店員！
興奮不已
能把興趣當飯吃了！
運勢到了就真的什麼事都一帆風順呢。
我們順利地結婚囉！
Wedding
對我來說
書～！你終於回頭找我了！
濕了就不能賣了 不要哭啦…
抱緊
與「書」有關的工作…最後竟是找到了書店呢…
經過幾次授課…
你知道書每天都要進貨嗎？
什麼!?
每天!?
流通
終於到店裡工作！
太棒了
終於能摸到書了～！
是說明明10點才開始營業，上班時間卻是8點半，還真早呢～？
大家早安。
早啊。
可以請妳幫忙拆開雜誌嗎？
好的…
!?
愣住

超—多!!
1天就要進這麼多書嗎!?
雜誌的附錄是在書店綁上去的!?
像這樣勾住橡皮筋
呃—是這樣嗎?
??
在雜誌堆中工作。
喔
嗯—
那是什麼工具!?
那又是什麼機器!?
再10分鐘開店喔—
好…
雜誌太重了吧!?
沒想到充滿各種驚奇…
沉重
…
書店店員跟想像中的完全顛倒…
想像
歡迎光臨!!
悠閒~
現實
早上就累癱了~~
雖然剛開始是這麼想的…
但即使很辛苦…
用力~~~~!!
可是開心或令人雀躍的事也很多。
這本書會將書店店員一天的工作以四格漫畫的形式分成幾個時段介紹給大家。
如果你看完這本書能從中感受到書店店員的樂趣，就是我最高興的事！
這是本店的圍裙!!

這是今天要體驗書店店員工作的人!!
你就是那位!!事情我聽說了，歡迎你——
請多指教。

7

8點半

【開店前】

上班時間在開店的1個半小時前!?
～書店店員起得很早～

理想與現實

從以前開始就很愛書的我…
好希望總有一天成為書店店員，在書的圍繞下悠閒地工作～
曾經這麼想過。

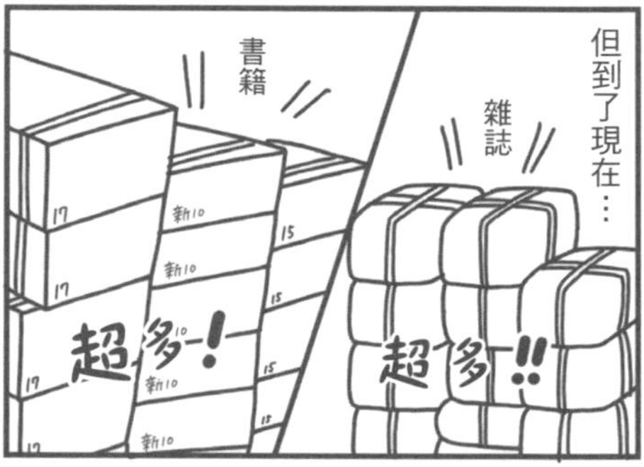
但到了現在…
雜誌
超多!!
書籍
超多－！

超──多！
大量進貨

夢想與現實完全不同！
女性時尚雜誌好多～
這本書還有200本。
每天早上書店的工作都從拆開大量的進貨開始。

每天早上都身在戰場。

實習期間

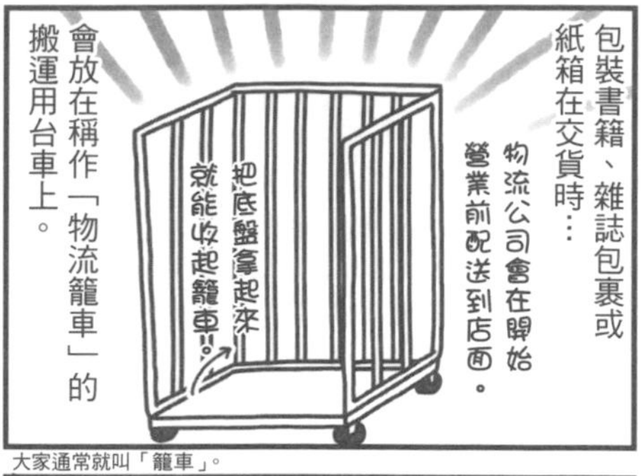
包裝書籍、雜誌包裹或紙箱在交貨時…
物流公司會在開始營業前配送到店面。
把底盤拿起來就能收起籠車!!
會放在稱作「物流籠車」的搬運用台車上。

大家通常就叫「籠車」。

我們店裡會把籠車推到固定位置，然後卸下貨物並拆封。
用力
喀鏘
籠車滿大的。

嗯…
推推…
奇怪…？

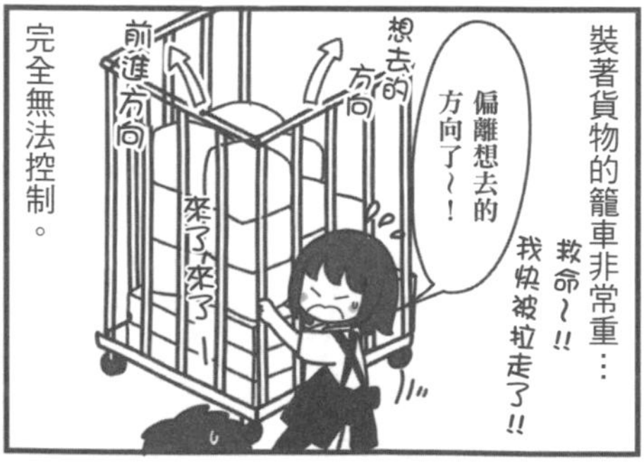
裝著貨物的籠車非常重…
救命～!!
我快被拉走了!!
偏離想去的方向了～！
想去的方向
前進方向
來了來了
完全無法控制。

完全不會動～

錯覺

進貨到書店的雜誌…
雖然都會用塑膠袋包起來…
不過在拆封綁上附錄前，會先檢查進貨量是否正確。
呃——
1、2、3…
但是…
奇怪？好像多了1包…
啪搭…
啊！其他書店的雜誌混進來了～！
啊—！
像這種事偶爾會發生。

這時會聯絡物流業者，
請對方來取件。

Let's綁附錄

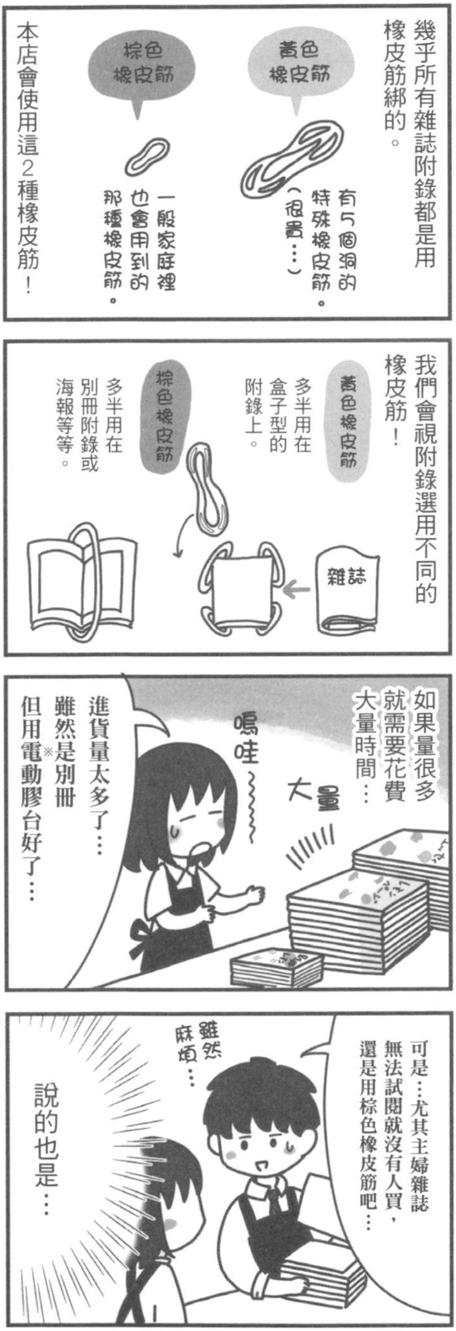
幾乎所有雜誌附錄都是用橡皮筋綁的。
黃色橡皮筋
有5個洞的特殊橡皮筋。（很貴…）
棕色橡皮筋
一般家庭裡也會用到的那種橡皮筋。
本店會使用這2種橡皮筋！
我們會視附錄選用不同的橡皮筋！
黃色橡皮筋
多半用在盒子型的附錄上。
棕色橡皮筋
多半用在別冊附錄或海報等等。
雜誌
如果量很多就需要花費大量時間…
大量
嗚哇～～
進貨量太多了…
雖然是別冊※但用電動膠台好了…
可是…尤其主婦雜誌無法試閱就沒有人買，還是用棕色橡皮筋吧…
雖然麻煩…
說的也是…

從客人的角度來思考吧。

※參照第17頁左側的四格漫畫

服務精神（1）

雖然早就知道了，但今天的進貨量真多啊…
哈哈哈…
斷
真的…
成捆進貨的雜誌會用剪刀等工具拆封，
然後再分成不同類別。
沒有附錄的雜誌放在運書車上、
有附錄的雜誌留在桌上，之後再一起綁上附錄。

每間書店的做法應該不同就是…

不過幾乎都是沒有附錄的雜誌真是太好了～！
像時刻表之類的！
…不
因為是12月號…
所以原本沒附錄的雜誌也要附上桌曆或筆記本…
為什麼要在我們最忙的時候加上很多附錄!?
カレンダー

殺必死殺必死～

原本是必需品

今天進貨量很多所以加速做快一點吧…
瞄……
!!
啊!!
倒下
咦!?
怎、怎麼了？
今天…忘記戴手錶了!!
啊～
什麼嘛
※我們的書店內沒有壁掛時鐘
總是會習慣性地看向手腕…
這不成了很愛自己手臂的怪人嗎…
我懂……

像這種時候我會看電腦的時間。

8點半【開店前】上班時間在開店的1個半小時前!?

BUG

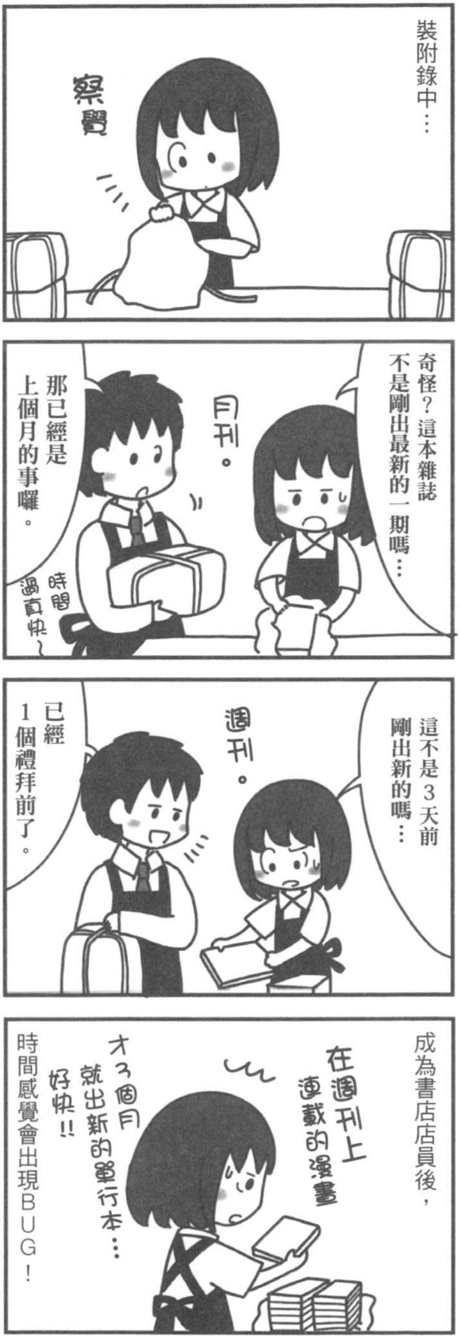

裝附錄中…
奇怪？這本雜誌不是剛出最新的一期嗎…
月刊。
那已經是上個月的事囉。
時間過真快～
這不是3天前剛出新的嗎…
週刊。
已經1個禮拜前了。
成為書店店員後，
在週刊上連載的漫畫
才3個月就出新的單行本…
好快!!
時間感覺會出現BUG！

真的是人類畫的嗎？

相似

將雜誌拆封並加上附錄時…
若有很多類型相同的雜誌放在一起，
Animag
アニメディア
Newtype
動畫
再加上…
透明資料夾
跟海報一
彼此的附錄都長得很像時…
我就很怕附錄裝錯…
應該沒錯吧…？
每次都會一而再再而三地檢查…（笑）

對有寫「月刊●● ×月號附錄」的出版社感激涕零。

預訂品

若有預訂品⋯
這是預訂的
預訂
這邊也是
在拆封的時候就會先抽出來以免混淆。
若是進貨量多的書會從店面陳列用的份中抽出來⋯
店面陳列用（稱為店面份）。
預訂品
不過事前以顧客訂單的名義下訂的書則會裝在其他包裝中進貨。
顧客訂單
然而準備拆封時⋯
看裡面的出貨單來區別～
興致高昂
要打開客人訂的預訂品囉～！
好多破損的地方⋯
折到了
啊
從店面份中抽漂亮的起來吧⋯
有時候會發生這種事。

其實還滿常碰到的。

鑑定團

盯──
with.水
凝視～～
盯～～
看
瞄瞄
把漂亮的預訂品抽出來了！
這裡也OK了。

檢查是否有折損、破損或凹痕。

服務精神（2）

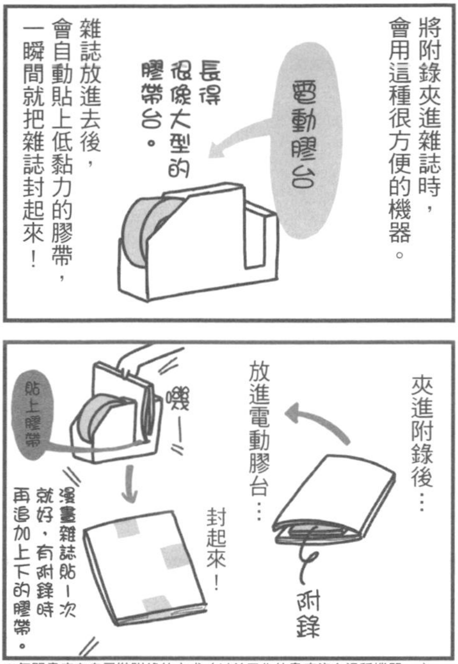
將附錄夾進雜誌時，會用這種很方便的機器。
電動膠台
長得很像大型的膠帶台。
雜誌放進去後，會自動貼上低黏力的膠帶，一瞬間就把雜誌封起來！
夾進附錄後…
放進電動膠台…
附錄
封起來！
嘰——
貼上膠帶
漫畫雜誌貼一次就好，有附錄時再追加上下的膠帶。

※每間書店有自己裝附錄的方式（以前工作的書店沒有這種機器…）

比起用橡皮筋綁附錄，能夠大幅縮短作業時間。
哎呀—真是方便呢～！
購物頻道風
嘰—嘰—
可是…
啊。
卡住
充滿服務精神的超厚漫畫雜誌沒辦法用貼膠帶機。

塞不進去。

想太多

預訂是GIN●ER的普通版，從店面份裡抽出後…
…奇怪？
怎麼了？
普通版的封面是女演員，但增刊號的封面是傑尼斯！
增刊號
GIN●ER
ジャニーズ
啊…真的耶…
普通版
客人把普通版和增刊號搞混了？沒關係嗎？
預訂雜誌不都是為了附錄或傑尼斯封面嗎!?
啊，不過普通版有傑尼斯的貼紙附錄…
增刊沒有耶！
咦…是為了貼紙!?
還是這客人是狂熱的川口●奈粉!?
嗯…
的確…
通知到貨時再向對方確認吧…
我知道了…
不知道
跪—地…

是訂普通版沒錯。

別冊附錄

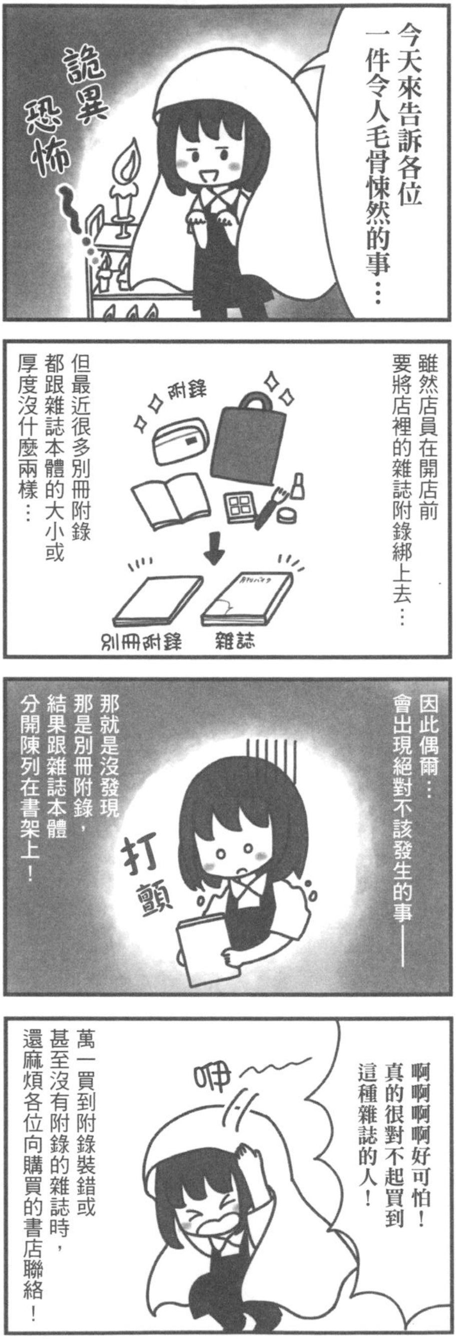
今天來告訴各位一件令人毛骨悚然的事…
詭異恐怖
雖然店員在開店前要將店裡的雜誌附錄綁上去…
附錄
別冊附錄
雜誌
但最近很多別冊附錄都跟雜誌本體的大小或厚度沒什麼兩樣…
因此偶爾…會出現絕對不該發生的事——
那就是沒發現那是別冊附錄，結果跟雜誌本體分開陳列在書架上！
打顫
啊啊啊啊好可怕！真的很對不起買到這種雜誌的人！
萬一買到附錄裝錯或甚至沒有附錄的雜誌時，還麻煩各位向購買的書店聯絡！
咿~~

對書店店員來說的恐怖故事…

高潮戲

搞定附錄後，
把書上架陳列！
展示平台深處的時尚雜誌好重!!!
好重——
蹣
蹣…
陳列
好重
叩咚
雜誌直接放到運書車上。
陳列時舊刊擺到後面，新刊放前面。
陳列！
咿~
至此是開店前要做的工作。
累癱…

※還沒開始營業

裝熟

奇怪——?
四處張望…
剛剛的POP廣告放到哪去了…
啊!
Ka●en~!原來你在那裡!
瀧澤Ka●en食譜書大獎的POP廣告
新書塞不進去…
那把健擺旁邊一點吧。
塞滿滿…
每天在書店看著藝人的雜誌封面或廣告,
就會像個熟人一樣稱呼這些藝人…
拓●工作也太多了吧…?
娛樂雜誌全都是拓●

※佐藤●封面的雜誌→

您辛苦了。←相關人士…?

另一方面

8點半【開店前】上班時間在開店的1個半小時前!?

另一方面為書籍拆封時…
好了OK~
嗯
嗯
會從新書開始拆。
可從箱子上的繩子顏色區分新書還是補貨。
埋在裡面…
拆開
拆開
然後依照分類把書放在稱為運書車的移動式書架上。
1台1個類別。
底下有輪子。
為了方便上架而停了很多運書車時…
看起來滿有威壓感的(笑)
威壓壓壓壓

無言的壓力。

要做還是不做

這本漫畫…
？
想封膜但好怕塑膠膜加熱熔解掉…
包有一層薄薄的塑膠膜。
的確…
這個附DVD的也是…
附DVD素材集
啊～
很怕光碟出現破損呢…
先裝到塑膠膜裡再用膠帶貼起來吧～
呼…
裝袋
畢竟安全第一嘛…

※參照第22頁

沒有嘗試的勇氣。

適得其所

哇！
第一次看到的雜誌…對了！這是新創刊的雜誌。
原來是今天。
新創刊的雜誌…
這是新創刊的那本？
是的。
翻頁…
會先確認是什麼樣的內容。
我本來以為是時尚雜誌…
但服裝以外的資訊也滿多的耶…
美食情報、週末的「露營慢活」？
太時髦了，亮到看不見！
但這個…
該放在哪個書架上才對…？

時尚雜誌常發生的事。

大量的雜誌　VS　書店店員

8點半【開店前】上班時間在開店的1個半小時前!?

總是人手不足的書店
往往需要自己1個人陳列大量的雜誌。
嗚哇啊啊啊
慌亂
不管怎麼看…
都趕不上開店時間。
嗯!!!
做不到
領悟這點後…
還沒綁附錄的雜誌堆。
就必須有所取捨。
呃——雖然雜誌不用全部都上到架上，
但種類沒有擺齊會造成客人的困擾。
stea●y
In●ed
VE●y
Precio●s
大人的時尚●帖…
每本雜誌拿出各3冊
爆速綁附錄!!
剩下的之後再用！
即使這麼做還是來不及時…
哎!!
無附錄雜誌也進好多！
沒時間全部擺出來了！
運書車每層都塞滿滿。
一大早會來的客人最可能看的書架…
年長的客人很早起!!
首先是週刊與運動雜誌！
優先把這裡上架※！
快速敏捷
開店5分鐘前…
剩下的雜誌放回運書車上。
塞進塞進
整理散落一地的垃圾。
拿到辦公室
丟進去!!!
喔啦喔啦喔啦
今天也朝氣蓬勃地開店☆
吐氣～
感謝您今日來店！我們要營業囉！
滑下去
關門!!
垃圾
垃圾

※上架＝將書放進書架裡

清爽亮麗的早晨與累壞的我。

關於封膜（1）

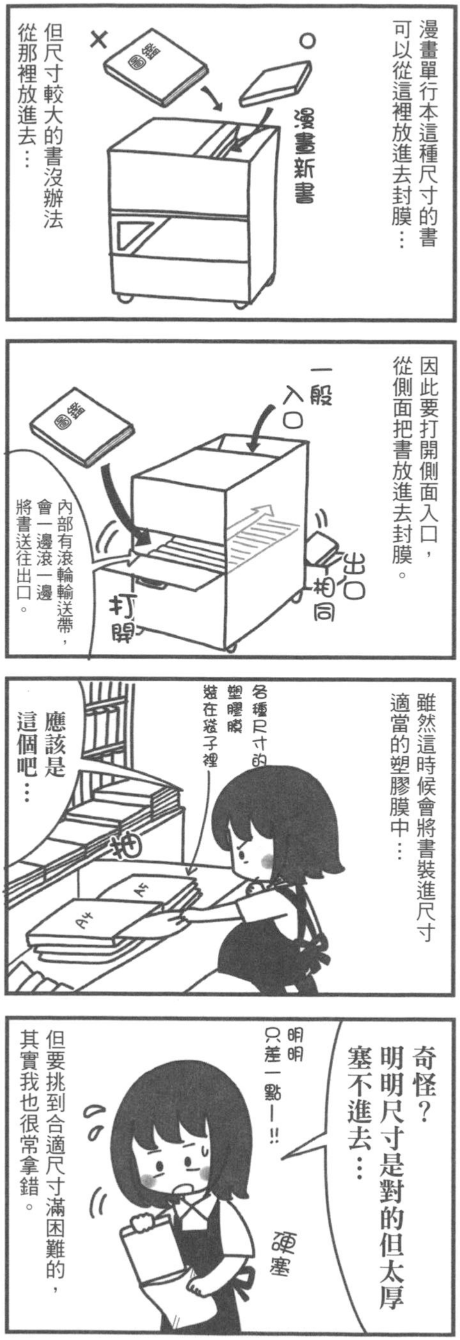
漫畫單行本這種尺寸的書可以從這裡放進去封膜…
○
漫畫新書
×
圖鑑
但尺寸較大的書沒辦法從那裡放進去…
因此要打開側面入口，從側面把書放進去封膜。
一般入口
圖鑑
打開
出口相同
內部有滾輪輸送帶，會一邊滾一邊將書送往出口。
雖然這時候會將書裝進尺寸適當的塑膠膜中…
各種尺寸的塑膠膜裝在袋子裡
抽
應該是這個吧…
奇怪？明明尺寸是對的但太厚塞不進去…
明明只差一點—!!
硬塞
但要挑到合適尺寸滿困難的，其實我也很常拿錯。

把塑膠膜放回袋子裡時往往會弄得皺皺的…

書店裡的那台機器

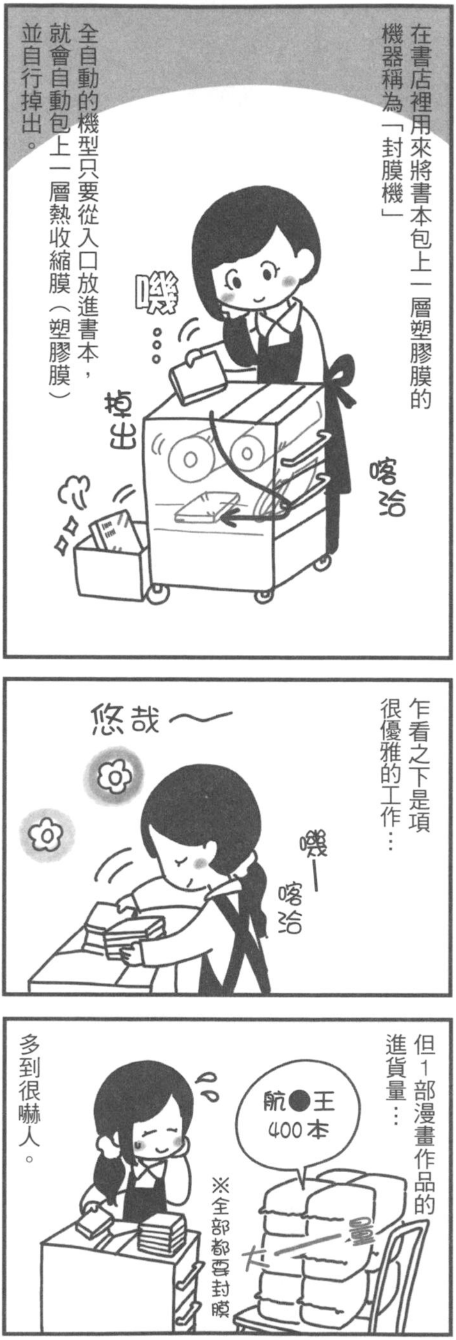
在書店裡用來將書本包上一層塑膠膜的機器稱為「封膜機」
全自動的機型只要從入口放進書本，就會自動包上一層熱收縮膜（塑膠膜）並自行掉出。
嘰…
掉出
喀洽
乍看之下是項很優雅的工作…
悠哉～
嘰—
喀洽
但1部漫畫作品的進貨量…
航●王
400本
※全部都要封膜
太—量
多到很嚇人。

都市裡書量會更可怕。

關於封膜（2）

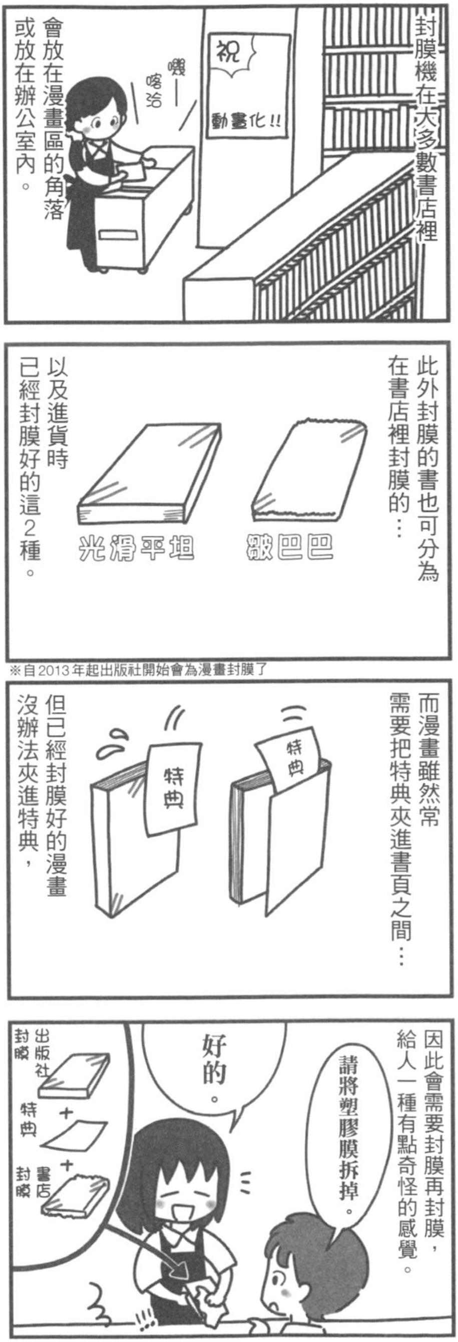
封膜機在大多數書店裡
會放在漫畫區的角落或放在辦公室內。
嘰—喀恰
祝
動畫化!!
此外封膜的書也可分為在書店裡封膜的…
以及進貨時已經封膜好的這2種。
皺巴巴
光滑平坦
而漫畫雖然常需要把特典夾進書頁之間…
但已經封膜好的漫畫沒辦法夾進特典，
特典
特典
因此會需要封膜再封膜，給人一種有點奇怪的感覺。
請將塑膠膜拆掉。
好的。
出版社封膜
特典
書店封膜
!!!

※自2013年起出版社開始會為漫畫封膜了

俄羅斯娃娃？

關於封膜（3）

說到出版社已經封膜好的書…
我想試閱這本書！
！
這…！
拆封了就無法退回出版社，所以我們通常會拒絕。
不過因為有一些書籍多少可以做些應變，
就算封膜破了，但只要有條碼還是可以退貨…
K談社漫畫
所以不妨先詢問店員看看。
相反地若是書店的封膜破了，還可以再重新封膜，
我好像之前買過這集，想問能否拆開確認看看…
好的！我幫您拆掉喔～
微笑
拆!!!
因此像這類要求是完全沒問題的。
不如說正是這種情況讓我有機會跟客人說說話，
我已經買過了…真的很謝謝你。
不會，真是太好了。
所以若有客人說希望看裡面的內容，我反而會有點雀躍。

※每間書店的做法不同

8點半【開店前】上班時間在開店的1個半小時前!?

歡迎各位隨時詢問我們～

書店店員的必要工具

介紹書店店員平時穿戴在身上的物品！
※每間書店不一定相同。

男生
也幾乎相同～
只是除了夏天外
都要繫領帶～

便條紙
我比較健忘迷糊，所以有事都先筆記！

原子筆
店員常常要四處跑，所以會準備很多支。

襯衫

圍裙
隨書店不同，顏色或設計也相差很多，看起來很有趣！我很喜歡觀察人家的圍裙！

割繩器
能輕鬆拆開雜誌包裝。

美工刀
用來拆開紙箱。

黑長褲

蓋

印章
在收據上蓋章！

名牌
在用收銀機前嗶一下。

黑皮鞋
有些書店禁止運動鞋，因此很多店員會選皮鞋！我穿有跟的鞋容易跌倒，所以選用平底鞋。

手錶
店員需上架新書到收銀前最後一刻（早點去啦！），因此手錶是必備。

工作手套
紙是凶器！常常割傷店員的手……。

OK繃

書店店員工作的輔助器材

嗶!!

掌上型終端機（HT）
掃描書的條碼就能連結書架編號的好東西。可以讓店員掌握書籍位置與庫存數量。

運書車
移動式書架。正反兩面都能放書，所以可以用作分類。譬如正面放新書，背面放補充的書等等。我們的書店裡有2種運書車，會視情況選用適當的類型。

如果要放文庫、新書或漫畫，會使用中間有隔板的這種。

如果要放開本大的雜誌或書籍，則會選擇平面的這種。還可用來搬運大型的展示架，或當成桌子來寫POP廣告。

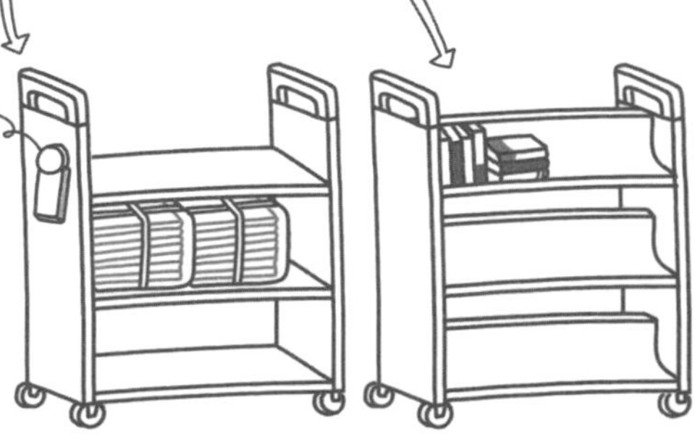
磁鐵可以吸上去，所以能把便條貼在上面。
搬運很重的書也能輕鬆移動！是值得信賴的好夥伴。

以前工作的書店使用的是掌上型終端機，不過現在都用手機了～
用公司系統來連接書架編號或搜尋資料。
掛在脖子上使用。

關於封膜

封膜機
幫書本封上熱縮膜（塑膠膜）的機器。漫畫區的好夥伴。
嘰—喀洽
放不進去入口的大開本得先人工套進塑膠膜裡，再從這裡放進去~
① 把書從入口放進去
② 從出口掉出來了！輕鬆完成封膜~
附滾輪
掉出
封膜機有各式各樣的類型，右邊介紹的是全自動機型。有些機型則需要店員人工把書套上塑膠膜。
不管開本大小，全部都一個個塞進塑膠膜，再放到機器裡。
① 將書套上塑膠膜
② 放進封膜機裡，完成☆
以前……
過去待過的書店沒有封膜機…所以要一個一個把塑膠膜套上去（包JU●P漫畫時真的很想死）~
時間！不夠啦…！
什麼!? 好累…
我曾聽過這種事，可說每間書店做法都不一樣。

收銀工作的輔助工具

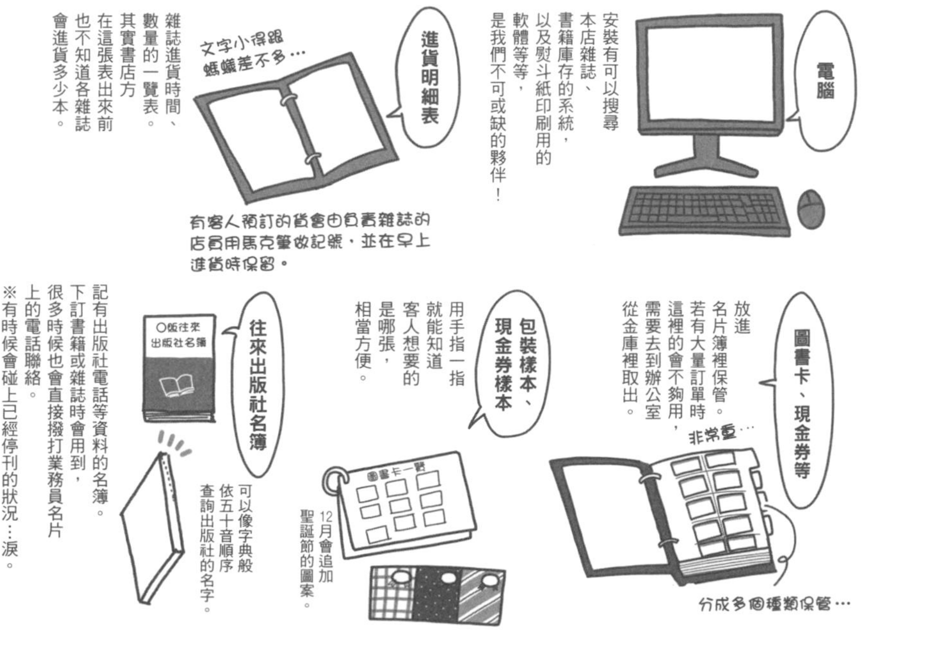
電腦
安裝有可以搜尋本店雜誌、書籍庫存的系統，以及熨斗紙印刷用的軟體等等，是我們不可或缺的夥伴！
進貨明細表
文字小得跟螞蟻差不多…
雜誌進貨時間、數量的一覽表。其實書店方在這張表出來前也不知道各雜誌會進貨多少本。
有客人預訂的貨會由負責雜誌的店員用馬克筆做記號，並在早上進貨時保留。
圖書卡、現金券等
放進名片簿裡保管。若有大量訂單時，這裡的會不夠用，需要去到辦公室從金庫裡取出。
非常重…
分成多個種類保管…
包裝樣本、現金券樣本
用手指一指就能知道客人想要的是哪張，相當方便。
圖書卡一覽
12月會追加聖誕節的圖案。
往來出版社名簿
○販往來出版社名簿
記有出版社電話等資料的名簿。下訂書籍或雜誌時會用到，很多時候也會直接撥打業務員名片上的電話聯絡。
※有時候會碰上已經停刊的狀況…淚。
可以像字典般依五十音順序查詢出版社的名字。

進貨量少的早上
總是令人開心♪
這個附錄
好可愛～♡

10點

【開店】
戰鬥揭幕
~年長客人 VS 書店店員~

訂單確認
書名『書店園…
客戶訂單 1 件
〇〇先生／小姐
那本書的書名是什麼來著？
報紙上的那本？
幫我查庫存♡
有電視那本嗎？
快接電話♡
打給出版社問看看！
1個月前的書是在哪？
如果還有庫存
從附近的分店幫我調貨過來！

開店5分鐘內的事

當我們總算趕在開店前完成開店準備後…
呼—
倒
此時還不能懈怠，得繼續做各類新書的上架工作。
呃!! 今天好多!!!
運書車上的書每天一定都要上架完畢。
上架也是以通勤族早上最先翻閱的書架優先…
※以主打或文庫漫畫為主
盡量快速整齊地上架。
東野●吾最新作
※主打是指人氣作家的作品
就在這時來店的是…
驚
年長的客人們！
早安！不好意思這本書放在哪？
早安您好!!
閃亮的笑容!!
爽朗
好的，我馬上幫您確認。
開店後立刻就要應付客人。
雖然自己找也行，不過問你們比較快~
抱歉啊。
您說的是。
驚
回神過後會發現…
所有店員
CASHIER
是~
叮
那本新書在哪？（大聲）
都在服務客人了！
不好意思~
問你們比較快啦~
請稍等一下…
Oh…
年長客人
今川~
不好意思，我還沒上架完！
應該在運書車上！
呃
今天進貨的文庫新書在哪裡？
移動
不好意思~
被擱下的東野●吾
也起得很早！

今天也順利（？）開店！

服務客人常發生的事

不好意思，我想找一本書…
好的～
是哪本書呢！
我忘記帶寫有書名的便條了…
Oh…
1 忘記帶寫有書名的便條或剪下來的報紙。
2個月前左右放在這附近的那本藍色的書是什麼？
我還想再看一次…
哪本!?
!?
詢問店員也不可能記得的書。
不好意思，那本書在哪？
啊…好的。
3 替其他客人包裝書籍時來詢問。
雖然我們會做說明…
我請其他人過來，能請您稍等嗎？
哎呀—告訴我位置我會自己找啦！
不要緊!!
那麼…書放在那邊寫有「5」的那個書架上！
但只靠口頭說明實在很難…
走
走去相反方向了！
有誰快來幫我啊～
叮—
謝謝妳！
雖然我們接受任何形式的詢問…
不好意思～
呼…真累人☆
請問這本書在哪裡？
眼睛發亮
不過若能告訴我們書名或ISBN，就能更流暢地指引唷！

會讓我們感覺「太神了」…

機關

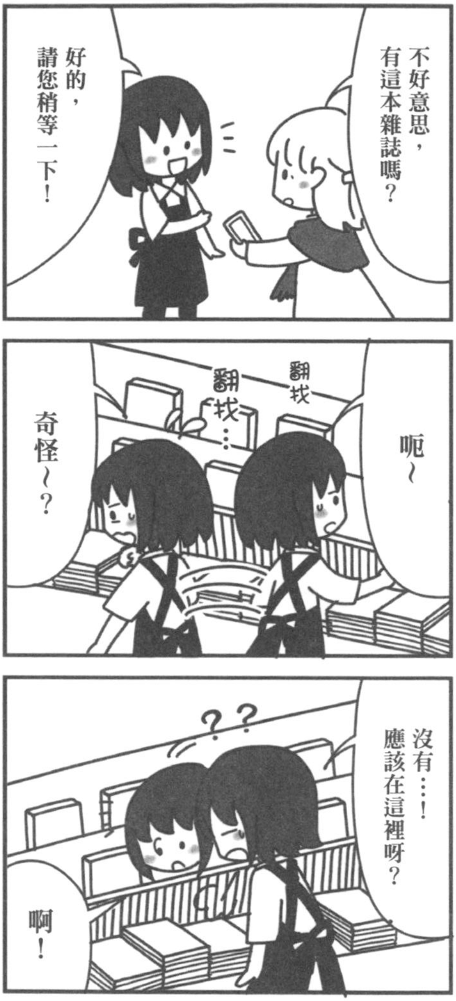

不好意思，有這本雜誌嗎？
好的，請您稍等一下！
呃～
翻找
翻找…
奇怪～？
沒有…！應該在這裡呀？
？？
啊！
真的很抱歉！壓在其他雜誌下面了…
我完全沒發現！謝謝你～

秀面（展露封面的陳列方式）也很容易疊在一起～

尋寶

不好意思，有這本雜誌的前一期嗎？
我忘記買了…
驚
這本…是今天進的雜誌！也就是說…
【說明】門市在進貨日前一天會撤下舊刊退給出版社。（有些雜誌視情況留下來與新刊一起銷售。）
塞進紙箱中退給出版社。
超☆重
因此時機剛好的話，辦公室還會留著前一天回收的雜誌！
奔跑
ORA●GE PAGE的前一號…麵包特輯！
那本封面看起來很好吃的!!!
翻翻
與其他店員合作翻找紙箱…
找什麼～？舊刊嗎？
是的!!想說可能還在辦公室…
還是放在這…？
簡直像是在尋寶。

重新從出版社進貨要再花約2週的時間…

服務客人後的謎團

不好意思，有這本書嗎？
是！
上架中
有的！我帶您過去～
在這邊～
謝謝。
不好意思～！
有這本書嗎？
好的——
是。
請您稍等一下！
可以幫我嗎？
謝謝。
不會—
？
奇怪…我本來在做什麼？
什麼？

忘記自己原本在做什麼。

令人感激的詢問

不好意思，這本書放在哪裡？
請您稍等我一下！
我帶您去這本書的書架…
驚
咦？這本今天發售？
好想要！
在這邊！
新書
盯著看！
哇～！我不知道～！數量還夠嗎？為什麼沒人告訴我今天發售啊！
您決定好了的話我幫您拿去收銀台。
我等會休息時間也來買這本吧♡
奸笑…
謝謝你～

誰理你啊。

還滿常發生這種事的～

希望早點來店取貨

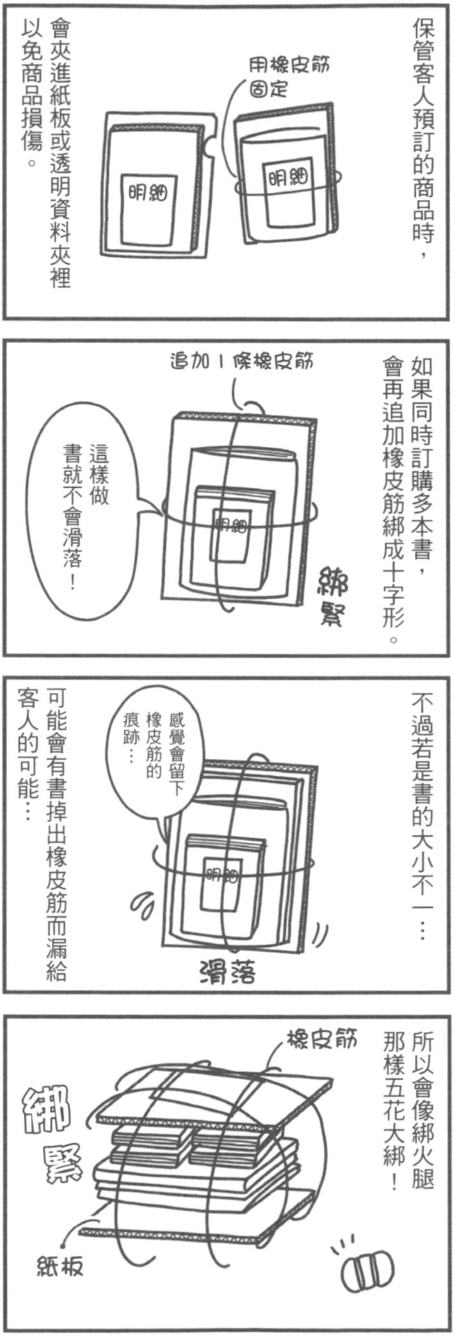
保管客人預訂的商品時，
會夾進紙板或透明資料夾裡以免商品損傷。
用橡皮筋固定
明細
明細
如果同時訂購多本書，會再追加橡皮筋綁成十字形。
追加1條橡皮筋
這樣做書就不會滑落！
明細
綁緊
不過若是書的大小不一…
可能會有書掉出橡皮筋而漏給客人的可能…
感覺會留下橡皮筋的痕跡…
明細
滑落
所以會像綁火腿那樣五花大綁！
橡皮筋
綁緊
紙板

保管櫃裡面可說相當混亂…！

出聲確認

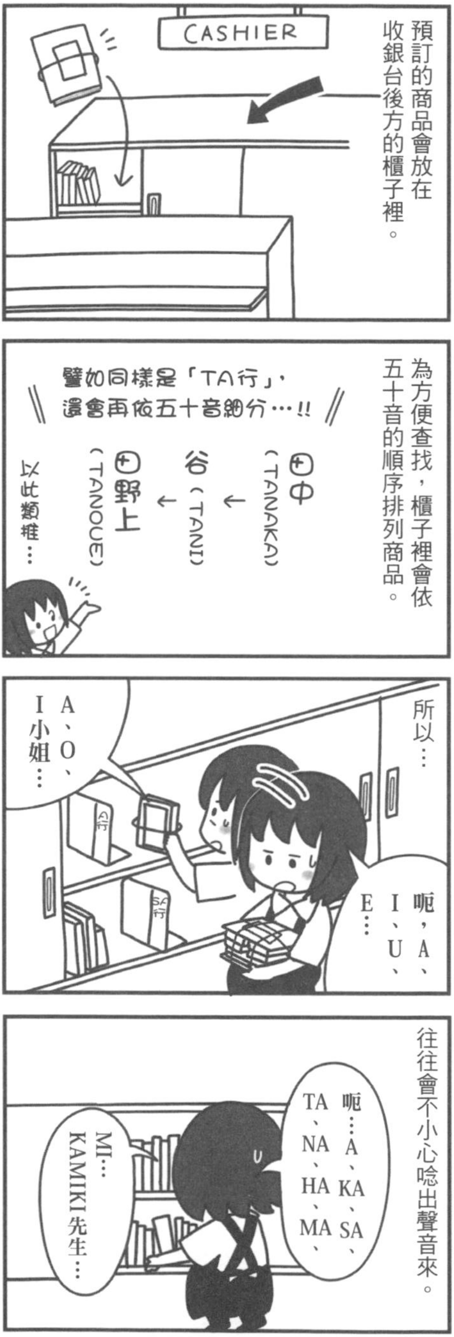
CASHIER
預訂的商品會放在收銀台後方的櫃子裡。
為方便查找，櫃子裡會依五十音的順序排列商品。
譬如同樣是「TA行」，還會再依五十音細分…!!
田中(TANAKA)
←
谷(TANI)
←
田野上(TANOUE)
以此類推…
所以…
呃，A、I、U、E…
A、O、I小姐…
往往會不小心唸出聲音來。
呃…A、KA、SA、TA、NA、HA、MA、
MI…KAMIKI先生…

每次都會小聲檢查。

到貨通知

※到貨通知→聯絡客人，告訴對方所訂購的書已經到貨了

太好了…終於是最後一本要做到貨通知※的書了！
呼——
會接電話就好了…
嘟嚕嚕嚕…
喂，我是●●。
您好，我是三日月書店的今川…
咦！難不成書已經來了嗎？
喀治
是的！通知您今天已經進貨了~
哇——!!
好高興喔！我週末會去取貨！
那就等您來取貨喔~
有夠
開心…
喀治

感謝您治癒我的心…

便條的背面

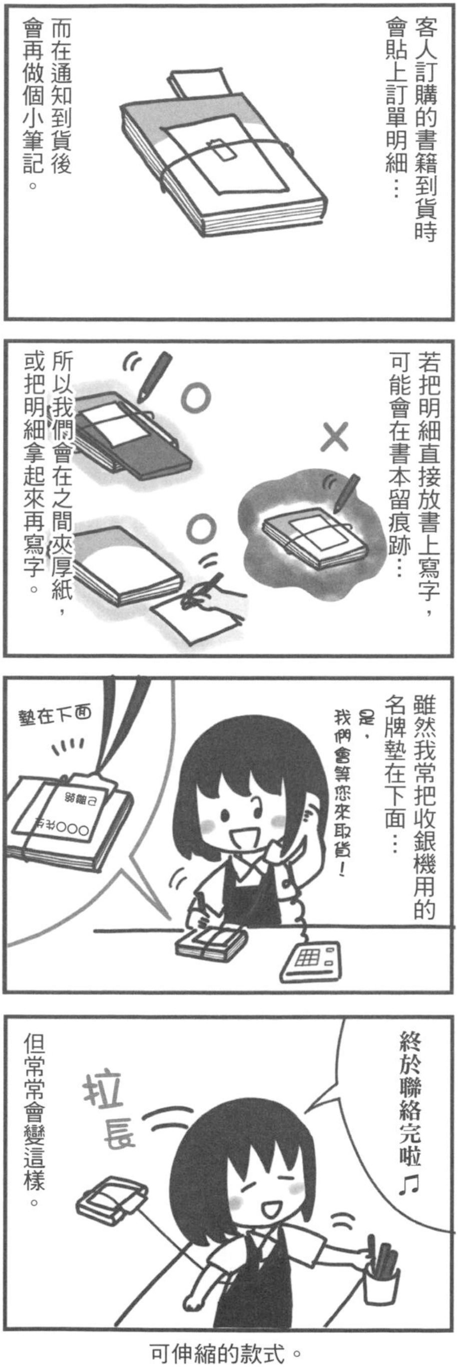
客人訂購的書籍到貨時會貼上訂單明細…
而在通知到貨後會再做個小筆記。
若把明細直接放書上寫字，可能會在書本留痕跡…
×
○
○
所以我們會在之間夾厚紙，或把明細拿起來再寫字。
雖然我常把收銀機用的名牌墊在下面…
是，我們會等您來取貨！
墊在下面
終於聯絡完啦♫
拉長
但常常會變這樣。

可伸縮的款式。

書店店員的秘密賣場MAP

各位在書店看到的書架，其實隨著位置與排列方式有各種名稱。這邊就簡單介紹一下。

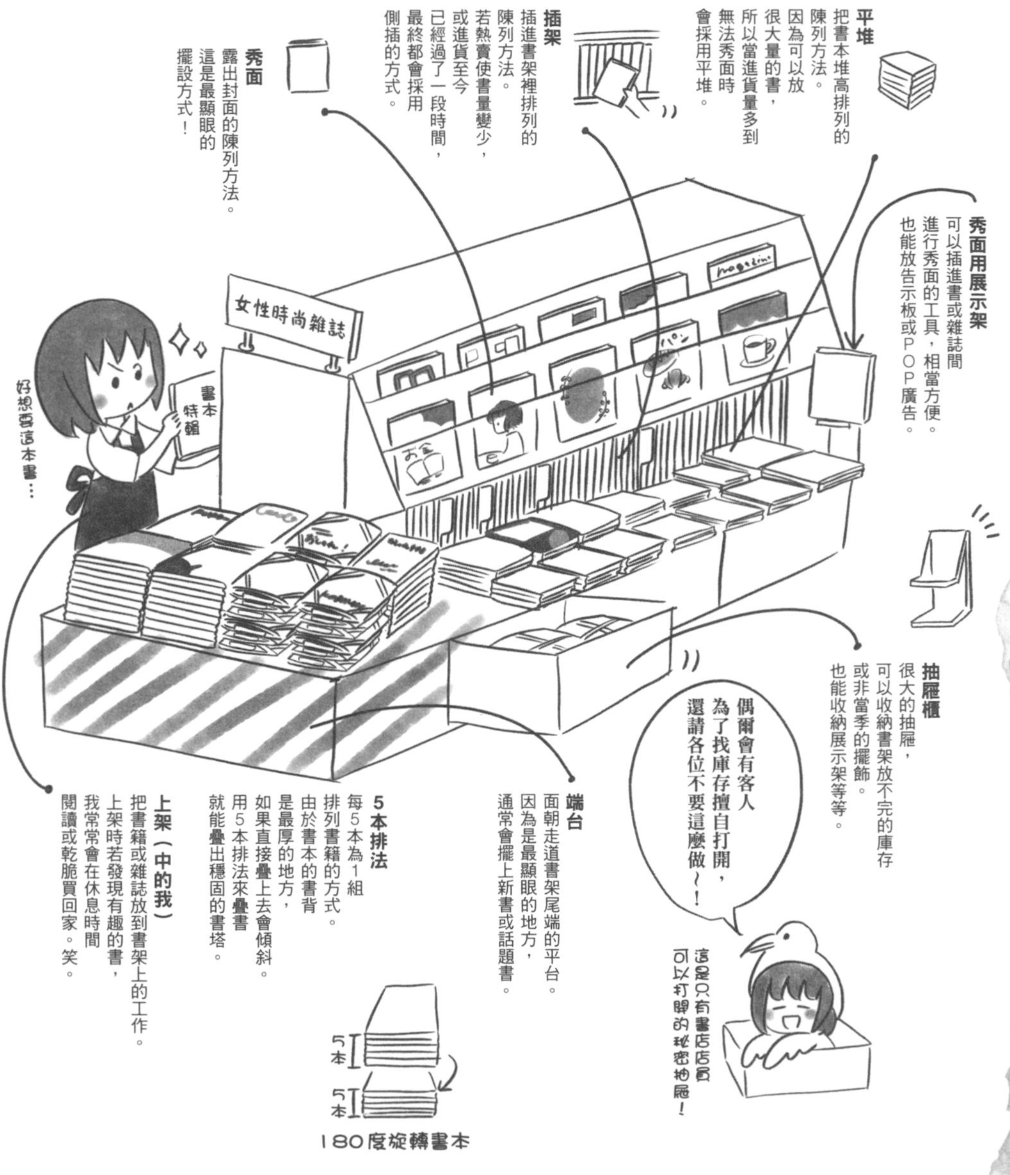

平堆
把書本堆高排列的陳列方法。因為可以放很大量的書，所以當進貨量多到無法秀面時會採用平堆。
插架
插進書架裡排列的陳列方法。若熱賣使書量變少，或進貨至今已經過了一段時間，最終都會採用側插的方式。
秀面
露出封面的陳列方法。這是最顯眼的擺設方式！
秀面用展示架
可以插進書或雜誌間進行秀面的工具，相當方便。也能放告示板或POP廣告。
女性時尚雜誌
書本特輯
好想要這本書…
抽屜櫃
很大的抽屜，可以收納書架放不完的庫存或非當季的擺飾，也能收納展示架等等。
偶爾會有客人為了找庫存擅自打開，還請各位不要這麼做～！
這是只有書店店員可以打盹的秘密抽屜！
端台
面朝走道書架尾端的平台。因為是最顯眼的地方，通常會擺上新書或話題書。
5本排法
每5本為1組排列書籍的方式。由於書本的書背是最厚的地方，如果直接疊上去會傾斜。用5本排法來疊書就能疊出穩固的書塔。
5本
5本
180度旋轉書本
上架（中的我）
把書籍或雜誌放到書架上的工作。上架時若發現有趣的書，我常常會在休息時間閱讀或乾脆買回家。笑。

在收銀台附近探險！

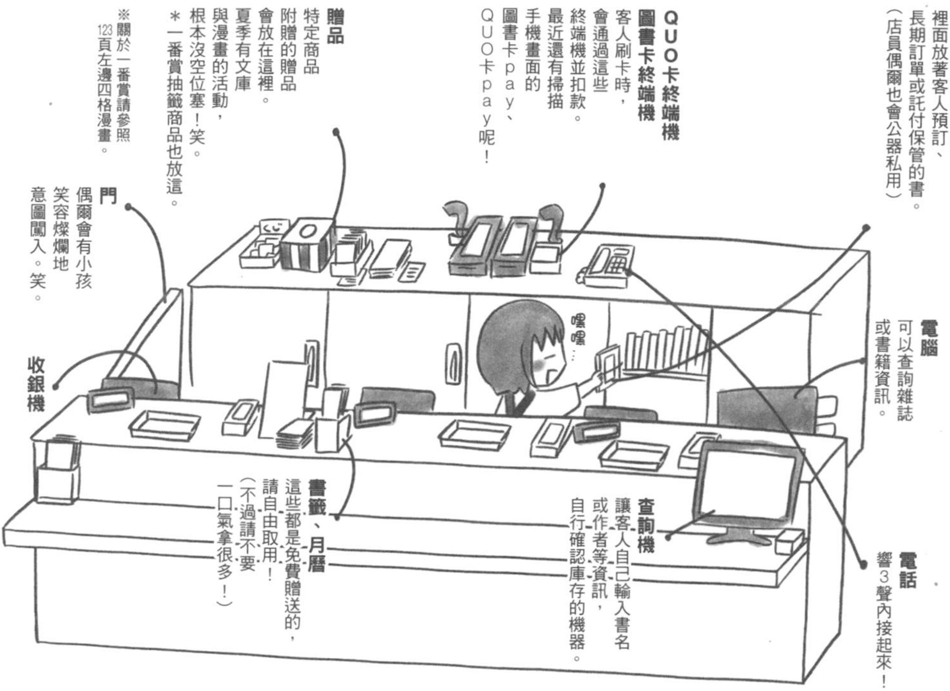
保留櫃（保管櫃）
裡面放著客人預訂、長期訂單或託付保管的書。（店員偶爾也會公器私用）
QUO卡終端機
圖書卡終端機
客人刷卡時，會通過這些終端機並扣款。最近還有掃描手機畫面的圖書卡pay、QUO卡pay呢！
贈品
特定商品附贈的贈品會放在這裡。夏季有文庫與漫畫的活動，根本沒空位塞！笑。
＊一番賞抽籤商品也放這。
※關於一番賞請參照123頁左邊四格漫畫。
門
偶爾會有小孩笑容燦爛地意圖闖入。笑。
收銀機
嘿嘿…
電腦
可以查詢雜誌或書籍資訊。
電話
響3聲內接起來！
查詢機
讓客人自己輸入書名或作者等資訊，自行確認庫存的機器。
書籤、月曆
這些都是免費贈送的，請自由取用！（不過請不要一口氣拿很多！）

收銀台裡面長這樣！

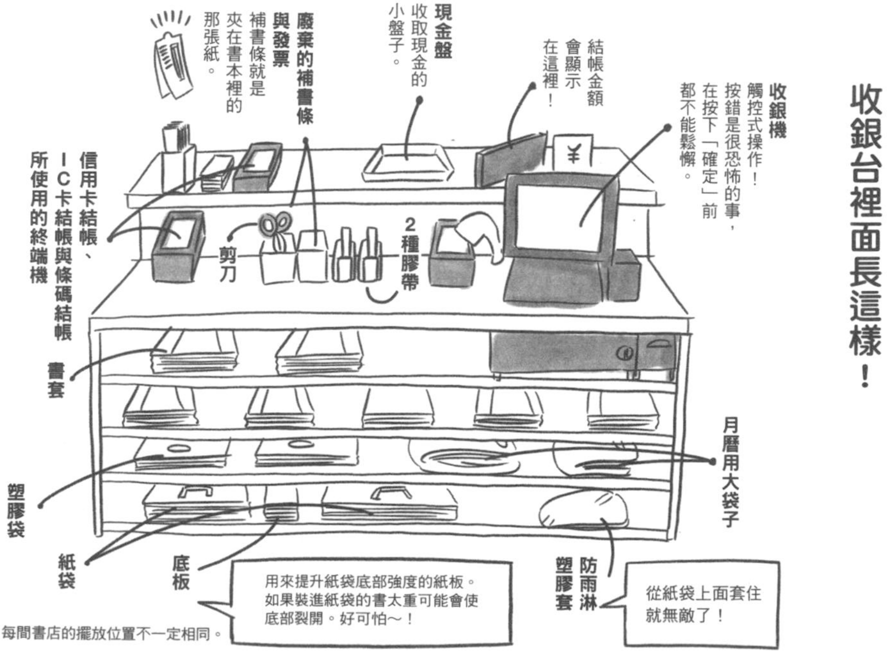
收銀機
觸控式操作！按錯是很恐怖的事，在按下「確定」前都不能鬆懈。
結帳金額會顯示在這裡！
現金盤
收取現金的小盤子。
廢棄的補書條與發票
補書條就是夾在書本裡的那張紙。
信用卡結帳、IC卡結帳與條碼結帳所使用的終端機
剪刀
2種膠帶
書套
月曆用大袋子
塑膠袋
紙袋
底板
用來提升紙袋底部強度的紙板。如果裝進紙袋的書太重可能會使底部裂開。好可怕～！
防雨淋塑膠套
從紙袋上面套住就無敵了！

※每間書店的擺放位置不一定相同。

分類

在書店裡有各式各樣
女性・男性時尚雜誌
週刊
料理、健康
娛樂綜藝
興趣
教科書
運動
填字遊戲
幼兒雜誌
漫畫雜誌
不同種類的雜誌…
這些會整合在一起
將「雜誌」整個當成一個分類，並由負責店員進行上架陳列。
並在早上陳列在店面裡。
教科書
另一方面書籍的話…
實用書
文藝書
地圖
漫畫
文庫
學參※
理工
商務
新書
雖然同樣也分成各種不同分類…
※學參＝學習參考書
而各個分類
書籍
雜誌、實用、地圖導覽
雜誌、實用、兒童、藝術
是我~
文庫、新書、文藝、學參、商務、語學、專業書籍
理工、漫畫
漫畫、學參
會指派給不同的店員負責
因為每個店員都負責多個分類…
所以老實說…
有夠忙!!
那個做完，
就做這個。
或做那個~
除此之外…
出版社的業務員來店裡時，
請問負責實用書的人…
是我！
這樣啊！這是下個月的新書清單~
順便問兒童書與藝術書是哪位…
是我！
那也是我…
不會太多嗎！
這種事也滿常發生的。
雖然類別不同，但主題是相同的…
試著把這本兒童書與實用書放一起吧！
食譜
實用書（料理書）
看起來好好吃！
兒童書（繪本）
小熊生日快樂
不過能夠進行各種跨領域的嘗試也是很有趣的地方。

當然這樣還是很辛苦啦！（大聲）

突然的……

文庫上架中…
先依出版社分類完再上架吧～
這是●談社文庫，
這是幻●舍文庫，
這是●潮文庫…
嗯？
這是…!!!
閃亮
我與上司的甜蜜關係
BL文庫混到這裡來了♡
負責漫畫
呵呵♡
謝謝你～！

※先分類好可以減少書架到另一個書架的移動時間，上架更為輕鬆

文庫與輕小說的書架不在同一個地方（很容易搞混）。

附錄的進化

※自己分類＝意思指自己負責處理的分類

終於可以拿出自己分類※的新書了！
今天進了什麼呢～？
廚房用品與化妝用品…
與咖啡廳合作推出的提袋與隨行杯！
NO TEA
NO TEA
還有醫師監修的
枕頭與棉被！
亮－－相
咦…你問我是在什麼地方工作？
當然是書店呀書店！
真好睡－

「書店」＝「什麼都賣」

時機

昨天…
不好意思，有那本書嗎？
呃，請您稍等一下…
很抱歉，那本書已經賣完了，如果您能等待調貨…
我們可以幫您處理…
那沒關係，就不用了！
然後今天…
昨天客人詢問的書到貨了！
為什麼是今天到貨～！時機真不湊巧！
對不起…

偶爾會發生這種悲劇…

媒體的力量

那本書沒什麼人買呢…
我以為會很暢銷的說…
是時候換個位置或擺放其他的書了…
新書
當天晚上…
我現在最推薦的是這本書！
那本書上電視了！
然後今天…
有昨天電視上介紹的那本書嗎？
哇！這是今天第3位詢問的客人了！
明明到昨天為止都乏人問津，現在卻賣光了…
只剩下廣告插牌…
新書
媒體的力量真是不可小覷…！

在推特上爆紅的書也是一樣～

大家以前都是

書店進貨時，偶爾會看見一些特別的幼兒用機關書……
ころりんりん
書頁使用的是厚紙板。
這個時候總想……
嘿—
稍微玩看看機關書。
!!!
滑～順
比想像的還要滑順10倍左右!!!
好好玩喔——♪
自此之後我就成為幼兒用機關書的秘密粉絲了。
滾來
滾去～～

小朋友（跟曾是小朋友的大人）都能玩得很開心的機關書真的很厲害！

藝術鑑賞

嗯？
閃亮
哇！這封面的插圖好可愛！
看起來很賞心悅目的書我就會先擺在運書車上面，
接著在仔細端詳封面後，我才會插進書櫃裡。

滋潤心靈～

不懂裝懂？

書店每天都會進數量龐大的新書，所以我們不可能全部都記住……
有出這種書！感覺好有趣！
常常在店裡走到一半才發現有這些新書。
隔天
不好意思，有這本書嗎？
有的，還請您稍等我一下…
昨天看到的書！
迅速移動
這本書在這邊。
哇！好快！謝謝你~
真厲害不愧是書店店員~!!
悄悄竊喜
得意…
還好前一天有看到…
嗯嗯~
呼

其實這種事還滿多的…

不擅長的書

負責其他分類的店員休假時，我們會代替對方為書籍上架。
塞滿滿…
雖然很不擅長…但只能做了…！
咿—政治類的書果然很難排列…
收些筆記吧…
平常沒有在做，現在報應來了…
好不容易完成上架後…
呼——
好累~！感覺肩膀好酸。
為自己負責的實用書上架時的我
啦—啦♪
輕—鬆
充滿活力
只不過上架分類不同，疲勞度也差這麼多嗎…

受夠肩痛跟困難的書了…

想買買不了

在雜誌專區…
啊…!!
半年一次的雜誌「占卜特輯」
占卜特輯出了~!好想要…!
盯~~~
但這本雜誌的封面標語是「命運之戀」!如果是在自己工作的地方買…
你辛苦了請給我這本~
同事
咦，今川小姐要買這本!?跟「命運之戀」不搭啊~!
噗噗噗…
大家會這麼想不行!!
自我感覺良好
像這種時候…
下次休假去其他書店買吧~
轉身
我會悄悄地，但積極地跑去其他書店買。
打擊——

想要的書沒辦法全部都在職場買…

得獎後的作品

歡迎光臨——
得獎
…啊!
得獎作品又進貨了!不是說再刷要等到月底嗎!
好想要…先保留起來等休息時間再買吧…
得獎
驚覺
有那本書嗎?
那本得獎的書叫什麼名字去了?
那本書還有庫存嗎?
果然剛得獎沒有現貨呢…
忐忑
不安
對客人太失禮了…下次再說吧。
購買得獎作品的時機總是令人迷茫…
放回去
得獎

之後還是會買來讀啦~

明明還是早上

呼…
已經有點累了…能量不足…
這本食譜的作者原本是在YouTube上活動的人呀——
原來如此
YouTuber出的書真的變多了呢~
手邊食材就OK
進來的新書我會先看目次或作者介紹來了解書籍資訊，或隨意翻個幾頁看一下裡面的內容。
哇，看起來好好吃喔而且用微波爐就好…！
流口水
抖
咕!
美味料理

能量空了。

今天的狂喜

這陣子料理書的銷量不是很好…
嗯—
幾天前的我
明明書的內容很好，也很適合我們的客層才是啊…
說到料理，應該每個人花在上面的時間都不同吧…
嗶—
愈短、愈輕鬆愈好!
多花時間做精緻一點才好!
有人重視省時簡單，也有人想多下點工夫來做…
那就改變書籍擺放的區域好了。
需要花時間製作的食譜放在料理雜誌附近…（N●K之類的）
省時快速的食譜就整理在一起…
然後…
今天
奇怪…料理書少了一些!?
來看看銷量
賣得很好!!!

然後我馬上報告給同事☆

壓力消除法

焦躁
不耐煩…
遇到不講理的客訴。
可惡～！真氣人～！
唰
唰
高速插書!!!
呼…
驚
奇怪？
我…
舒暢
?
原本是在氣什麼來著？

摸到書就會冷靜下來～

促銷DVD的陷阱

出版社寄來促銷用的DVD。
下部電影
○/× ロードショー
太好了，是下部電影的預告！
這下子原作書籍會賣得更好～！
笑咪咪
○月×日上映!!
展示…
作品影視化
播放影像就能讓客人駐足觀賞，進而對書產生興趣～
要是電影能促進書的銷量就好了…
嘰—
咦，原來內容是這樣嗎!?
電影
盯著看
嗚哇
我想要買原作了！

效果超群。

教教我!! 智慧貓頭鷹

原來是這樣!!

好像知道又不知道的書店解說專欄!!

我是今川由依！！
成為書店店員已經有好些年了，
但知識卻是零！
今天也愉快地工作著~
總之，將進貨的書全部上架~
這麼無憂無慮真的沒問題嗎？
運…運書車上有隻貓頭鷹!!
會說話!!
我的名字是「智慧貓頭鷹」！會告訴你跟書有關的小知識！

陳列在書店的商品

放在書店裡的書其實可分為幾個種類。

雜誌

指的是定期發售的出版物。雜誌的發行時間各異，如週刊、雙週刊、月刊、雙月刊、季刊等等。

Hop Step
Shuwa Uma!
獻給青春。
0000000
若翻過來看…
雜誌 0000-X0/ΔΔ
有雜誌編碼
有1段條碼
想掌握最新流行資訊果然還是要雜誌！

書籍

指的是不定期發售的出版物。雖然還可細分為精裝書與平裝書等等，不過都統稱為書籍。

什麼嘛~這點事我還是知道的。
呼
若翻過來看…
沒有雜誌編碼
有2段條碼

繪本、手工藝書、料理書、文庫或新書等等，只要滿足條件全都當作是書籍。

MOOK

MOOK是介於雜誌跟書籍的存在。內含豪華附錄的時尚品牌MOOK通常都算在這一類中（不過有些也算在書籍裡）。

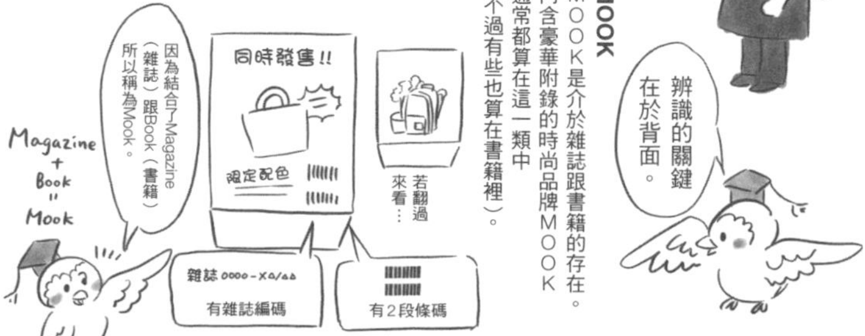
辨識的關鍵在於背面。
若翻過來看…
同時發售!!
限定配色
雜誌 0000-X0/ΔΔ
有雜誌編碼
有2段條碼
因為結合了Magazine（雜誌）跟Book（書籍）所以稱為Mook。
Magazine + Book = Mook

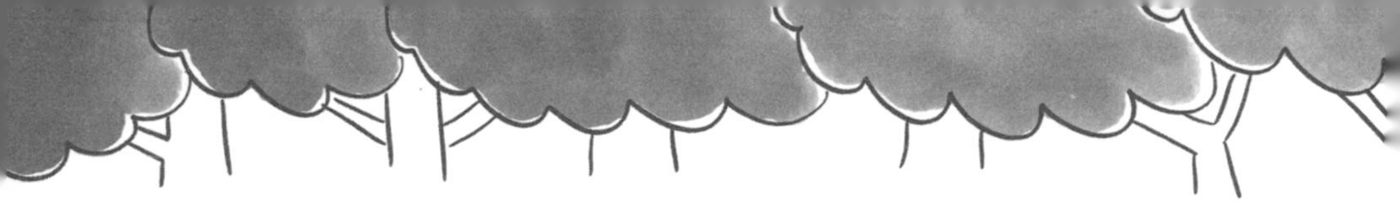

雜誌的發行週期

如同右頁所述，雜誌跟書籍不同，會依據固定的期間發行。

週刊　原則上在每週的同一天發行。

半月刊、雙週刊　半月刊→在固定日期譬如「每月1日、15日」、「第2星期四與第4星期四」發行。（每年發行24次）雙週刊→在偶數或奇數週的固定同一天發行。

月刊　在每個月的同一個日期發行。

雙月刊　在偶數或奇數月的同一個日期發行。

季刊　如春夏秋冬，每3個月發行1次（每年發行4次）。

年刊　每年發行1次（年鑑或時事用語集等）。

在我工作的書店裡就是像這樣排列雜誌呢！

常見的「別冊」或「增刊號」應該怎麼歸類呢？

增刊

這2種基本上都算是雜誌，但右邊介紹的主要刊物稱為「正刊」，而其他額外增加的則另當作「別冊」、「增刊」、「臨時增刊」來發行。新雜誌創刊時不能在沒有正刊的情況下發行「別冊」。若要舉例，「別冊」對正刊而言就相當於比所謂姐妹誌更為親近的刊物，如同親密的家人一般。

隨著讀者的反響，有時候也會出現別冊↓改名後變成正刊，增加發行次數的情況。

解讀雜誌的背面！

雜誌封底是資訊的藏寶庫。只要看懂了你也能成為書店店員？

雜誌增刊號封底的謎團

這個「L」跟數字…你知道代表什麼意思嗎？

呃～就是～

這個「L」代表「Limit」。

雜誌刊載內容變舊不能一直放在店面，因此會寫上陳列在店面的期限。

例如若記為（L）10／15，就表示期限是10月15日。

也就是說到了10月15日，這本期間限定的雜誌就不會放在書架上了！想買請趁早！

Time Limit!!

MOOK封底的謎團

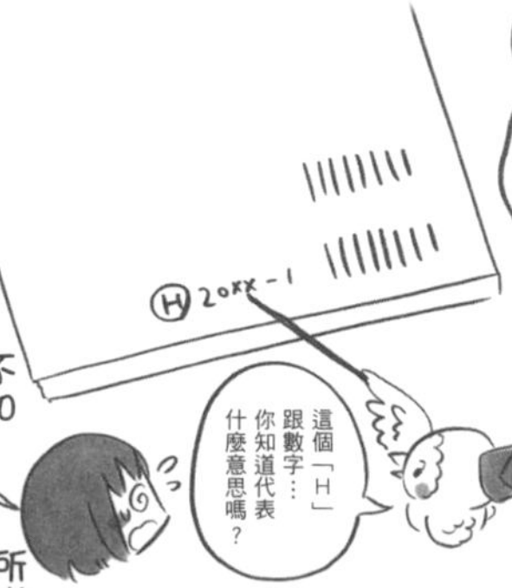

這個「H」跟數字…你知道代表什麼意思嗎？

這次是H!?

不知所措

H的記號代表可以從店面下架的大致時間。（若各位知道H是什麼的簡寫還請告訴我！）

可以將L當作是「有效日期」，H則當成「保存期限」應該就比較好懂了！

雜誌可在短期間內提供熱騰騰的第一手資訊。MOOK因為沒有規定販售期間，所以能長時間持續提供資訊。

原來如此！

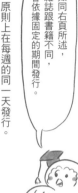

啥
？
要11點了？
騙人？的吧？
咦……真的嗎……

11點

請排隊的客人來這裡結帳！
～想將書籍上架卻得收銀～

時間

上架中……
勤奮
啊！這本書是……
剛發售時超有人氣，每次進貨都立刻一掃而空的那本！
那時候各家媒體都在推薦……連我們店員也很喜歡呢～
記得是2年前左右的事……看一下版權頁好了。
愣住
4年前！

歲月流逝快得嚇人。

※版權頁＝書籍最後記有發售日等各種資訊的頁面

懷舊遊戲

這是正在陳列新書的我。
要說我在做什麼……
平堆的書本大小不一
完全沒辦法排整齊！
藝術書或兒童書刊的開本相當自由，設計也活潑有趣……
這裡塞不下，
這裡……也塞不下。
每天都要思考該怎麼擺書。
NEXT
我們需要的……
是俄羅斯方塊的技能吧。

立體俄羅斯方塊～

每天的煩惱

嗚…設計類書籍的書櫃…
補貨的書已經放不下了…
塞滿滿…
沒辦法，只好把一些書抽掉了…
呃，這本書一直很有人氣所以抽不掉…
這本書…雖然賣得不是特別好，
但內容我很喜歡，想繼續放著…
啊～！討厭！
搔抓
沒有可以拿掉的書！

給我更大的書櫃！

痛苦的時間

每天大量進貨的書…還有塞到極限的書櫃…
嗯…
不退貨就放不下新書了…
如果書櫃塞太滿可能會損傷書本，因此會定期將書退回出版社。
有時會參考其他書店做法，或看出版社確認是不是有類似的出版物…
若有類似的就會抽掉舊的書！
又或是查看版權頁的出版日、銷量決定要抽的書。
出版社也有退書條件，讓退書的判斷標準更複雜多樣…
唉—
是本好書但不適合我們客層，退掉吧…
丟進
常有這種事。
但最主要我們會依照最常來店買書的客層決定要退什麼。
但過沒幾天…
有這本書嗎？
僵住
那是之前退掉的書…
像這種事還滿常發生的。

很難判斷到底要不要退書…

11點 請排隊的客人來這裡結帳！

如果一直下雨

若碰上梅雨季節
或持續下雨的日子…
濕氣會讓頭髮毛躁亂翹。
捲
翹
而且…
捲
翹
書本的封面也會捲起來。
把放在最上面的書移到最底部，用重量壓平！

濕氣是頭髮與紙的大敵！

重量訓練

書店店員的工作
乍看之下很悠閒…
但書會裝在紙箱裡大量進貨。
而這個紙箱…
擠滿
超重！
咕…
會出聲（笑）
哼！
有的雜誌一個包裹就重達10公斤。
每天工作都像做重訓，上臂肌肉特別發達…
身體變好壯…
Oh…
硬梆梆★

身體變得更健康了。

短暫的快樂時光（1）

新書上架中…
實用書混到這裡的分類囉。
這不是專業醫學書而是家庭醫學。
啊～～!!
不好意思…謝謝你。
今天進了什麼有趣的實用書嗎？
今天進的書很多種喔～！
你看這個！這本書用的紙觸感…！
還有墨的顏色♡
啊～真的耶，好好摸！這間出版社的書總是很漂亮呢～
雖然看起來像是聊天…
還有這本食譜、圖片上的食物看起來也好好吃喔～
結果還是這種輕鬆的做法最好呢～
啊～～
但這其實是事先了解進貨的重要工作！

這是工作…！
（因為很重要所以說2次）

短暫的快樂時光（2）

11點 請排隊的客人來這裡結帳！

這本書混到我這邊的類別了…
這不是理工而算是DC雜誌吧
啊——
不好意思…謝謝你。
今天好多次…
打擾你了。
對了…今川，
？
今川喜歡的漫畫雜誌新集數今天進貨囉～
!!!
太好了!!
真的很謝謝你～中午休息時我再買！
我先平堆在新書專區那裡囉～

這也是…工作…！
（再多次我也會說）

教教我!! 智慧貓頭鷹

原來是這樣!! 好像知道又不知道的書店解說專欄!!

關於日本雜誌編碼

店員小姐，你能說明什麼是雜誌編碼嗎？
可以請你告訴我嗎？
雜誌編碼指的是雜誌封底上的5碼數字。通常會與期數的2碼數字結合，總共會有7碼。
4910123450117 00476
另外還有一種用來表示條碼內容的定期刊物號碼，這邊一併介紹。
雜誌12345-01

雜誌編碼　雜誌12345-01（↓雜誌編碼　↓期數）

形式	種類	形式	種類
0	月刊、雙月刊、季刊	5	漫畫雜誌
1		6	MOOK
2	週刊、雙週刊、	7	有聲商品
3	半月刊	8	直售誌
4	漫畫雜誌	9	預備

形式	末碼	意義
0或1（月刊等）	奇數	普通版
	偶數	正刊的增刊
2或3（週刊等）	1～5	普通版
	6～9	增刊號

雜誌上的編號分為雜誌編碼與定期刊物號碼2種，各自所代表的意義如圖所示。編碼最前面的1位數字指的是發行的形式。

最後1位數字會隨著發行形式不同而有不同意義，具體如左圖所示。期數部分的2碼，若為雜誌則表示為發行月，若為漫畫雜誌或MOOK則表示為創刊以來的第幾期。

定期刊物號碼（條碼）

4910123450117　00476

- 491：定期刊物識別碼
- 01234：雜誌編碼
- 5：期數
- 01：西曆發行年最後1位數字
- 1：西曆發行年最後1位數字
- 7：檢查碼
- 00476：本體價格（附加碼）

雜誌編碼 12345
2011 年 1 月號　本體價格 476 日圓的情況

哇—
好有趣~！光是從封底標識的號碼就能知道這麼多資訊！
好像在解謎!!

（來源：矢部潤子《賣書的技術》，本之雜誌社，199 頁）

為什麼是未來的月號？

智慧貓頭鷹老師，我有問題！
唰!!
有什麼問題呀，店員小姐？
關於雜誌的期數…
為什麼當月發售的期數要標記成2個月後的期數呢？
時尚雜誌之類的都會在12月就發售2月號，讓人感覺時間過得更快了（笑）。
週刊的期數日期也同樣標記成未來的日期，比真正的發售日還晚…看起來好複雜。
月刊
呃，
已經〇月號了!? 好快!!
週刊
剛剛客人預約的週刊…
是〇／×日號？還是〇／×發售號？哪種!?
不安
原來如此，
點頭

現在雜誌標記期數的方法有以下這些規則。

① **週刊**
發售日起15天後的日期。

② **旬刊、雙週刊、半月刊**
自發售日起1個月後的日期。

③ **月刊、雙月刊**
自發售日起40天後的日期。

④ **季刊**
發行期間的季節（表示那個季節的文字）。

⑤ **增刊號**
自發售日起40天後的日期或月號。
※「月刊」、「雙月刊」、「季刊」的增刊號以正刊為準

的確…若是自己站在發行雜誌的立場，也希望能放在書店裡時間久一點…

有時候也多少會有誤差，例如三天連假會有星期一發售的週刊漫畫雜誌提前到星期六進貨的情況。
原本是星期一發售，但這次提前到星期六進貨了~
順帶一問，附錄有什麼相關規定嗎？
隨著戶外休閒風潮到來，有些雜誌的附錄變得超重…!!
沉重
附錄內容是「長柄煎鍋」。
※鑄鐵平底鍋
過去的規定相當嚴格…不過只要不超過雜誌的尺寸，那麼凡是與正刊有關聯的內容都可以當成附錄。
另外據說業界內有套標準，希望盡可能不要在週刊中加進附錄。
畢竟若每週都要準備附錄，會累死出版社的。

輪流收銀

在我工作的書店……
今天是16點站收銀啊
每個人都要輪流站收銀台結帳。
但是……
叮——
當鈴聲響起時……
就代表……
要幫忙支援收銀！
狂奔!!
強制參加的活動……
CASHIER
請往這邊—
暫停服務
收銀的時間要開始了。

這邊可以幫您結帳喔！

支援收銀交響曲

喀洽
喀洽
喀洽
喀洽
喀洽
喀洽
喀洽
喀洽
喀鏘洽扣
喀鏘洽扣
只要仔細聆聽來支援收銀的店員……
讓您久等了～
喀洽
喀洽
就能聽到塞在口袋裡的工具發出的美妙旋律喔。

等店員結帳時不妨豎起耳朵聽～

11點 請排隊的客人來這裡結帳！

驚慌失措

今天是結帳忙到不可開交的日子……
非常謝謝您！
今天是什麼節日嗎……？
就算心裡焦急還是得應對大排長龍的客人。
大排——
同一句話說太多次，都不知道自己在說什麼了……
收您〇〇圓!!
書要幫您包書套嗎？
手忙腳亂
咦？
包哪裡……？
驚
透明膠帶

冷靜點啊！自己！

宣傳品的反應

有時候只要購買指定商品，就會贈送宣傳品……
書套
書籤
綁書帶
還請您從裡面選其中一個—
尤其在夏天最多這種活動。
我就是想要這個才買的！
……有些客人會為了贈品買東西，
啊……不用了，謝謝。
COOL
……也有些客人完全不在意。
咦……可以拿嗎？太可愛了吧，好難選——
心動
……這樣的人最讓我們開心。

反差萌♡

逃走

收您剛好。
夾著發票就可以作為結帳證明所以包裝…
啊!!
啊！
走！
偶爾會發生客人付了錢就馬上跑掉的情況。
啊，不好意思!!
不會…

對書店來說只是有利無弊。

考試週

成為書店店員後會發現…
謝謝您~
明明是平日中午，但學生好多啊…
原來如此，是考試週！
在考試週…
歡迎光臨，這裡幫您結帳。
漫畫會賣得特別好。（※不是一本而是好幾本）
嗯嗯，因為可以早點回家嘛…
放下

我以前也是這樣（笑）

更換時機

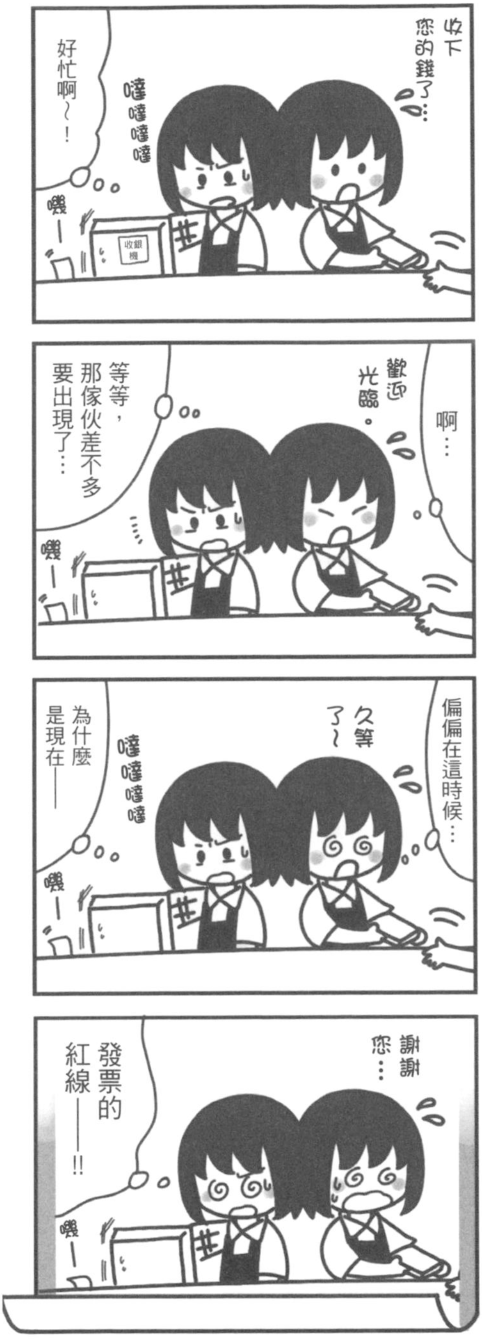
收下您的錢了…
噠噠噠噠
好忙啊～！
嘰—
收銀機
啊…
歡迎光臨。
等等，那傢伙差不多要出現了…
……
嘰—
偏偏在這時候…
久等了～
噠噠噠噠
為什麼是現在——
嘰—
謝謝您…
發票的紅線——!!
嘰—

誰來幫我換發票紙捲!!!

紙捲

11點 請排隊的客人來這裡結帳！

結帳會用到的紙捲…
圖書卡紙捲
QUO卡紙捲
發票紙捲
查詢機紙捲
都很像！
結帳時往往很慌忙！
終於處理完結帳的客人了…
來換紙捲吧。
然後搞錯紙捲！
笨蛋
不好意思，我要結帳…
嘎

冷靜點吧自己…

嫌疑

我想預購下期的●●特別版…
特別版？
我知道了
請在這裡寫上名字。
我想預購下期的●●特別版…
又是特別版？特別版？
可以預購下期的●●特別版嗎？
好的，請來這邊。
又來？
封面是傑尼斯的那個人！
連續有3個人預購…
一定是趁我工作時在社群網站上公布封面了！

心癢得好想上網查看看！

手忙腳亂

歡迎光臨！
噠噠噠噠
忙碌也分好幾波～！
嘰—
收銀機
就連電話也開始響了～！
嘟嚕嚕嚕嚕
現在沒有人可以幫忙，我得早點接…
弄好了！
唰唰
唰唰
讓您久等了歡迎光臨！
咦…
我剛剛說了什麼??

被電話另一頭笑了…

神秘的異樣感（1）

可以麻煩你幫文庫本包書套嗎？
我知道了！
嗯……？
感覺有點奇怪？
為什麼裡面文章的字上下顛倒了？
啊…
封面插圖設計成上下顛倒。

時髦的書常有的事。

神秘的異樣感（2）

所有文庫本可以幫我包上書套嗎？
我知道了！
嗯……？
嘶
嘶…
套
奇怪……？
明明是文庫本，但文庫本尺寸的書套卻套不進去？
套
套
啊…
○川文庫。
○川

很急的時候常常搞錯。
（雖然是文庫本但稍微大一點）

11點 請排隊的客人來這裡結帳！

召喚魔法（1）

在收銀忙不過來時……
不好意思……
好的，請您稍等……
叮
正在包裝禮物↑
就會按鈴呼叫其他店員。
唰
讓您久等了——
但是……
啊
不小心…
倒
叮
叮——
叮——
（噪音等級）
必須小心誤觸呼叫鈴……
咚咚咚咚咚
啊——對不起，我不小心按到了！

聲音愈大魔法愈有效☆

外面跟裡面都

收銀台前大排長龍……
一大排
您需要書套嗎？
收銀台內……
收下您的圖書卡了~
當同樣的結帳方式
時機重疊時……
啊！
在收銀台內也會排隊。
圖書卡的結帳機器只有一台。
嘩
謝謝你讓我先用。
你請~

偶爾會發生。

收銀台的幕後

謝謝光臨～
縮
身體用力縮起來←
忙碌
我一直都在找這個呢！
不好意思腳邊～
能找到真是太好了～
請—
把腳交叉騰出空位←
嗶嗶嗶嗶

如果擋到路會巧妙地變形。

不會消失的傳統

11點 請排隊的客人來這裡結帳！

最近這幾年…
・現金
・信用卡
・IC卡
・圖書卡
・QUO卡
・●●pay（條碼結帳）
・禮券
增加了許多各式各樣的結帳方法。
呃——…
等等等…
操作方式也變複雜了…
要小心不能出錯…
跟以前工作過的書店相比，操作起來感覺更匆忙了。
嗶嗶嗶嗶嗶

畢竟我很常出包啊…

到了現在令和，已經是連學生都理所當然拿出手機條碼來買東西的時代了…
用○×pay付～
嗶
付現金的人變得少見了呢…
好的。
可是，
我錢包很重，不好意思讓我用零錢付～
噹啷噹啷
不會，您請～
這傳統文化至今仍未消失（笑）

對店家來說也幫了很大的忙…
（避免零錢不足）

推薦

上週進貨的書裡找到
我想推薦的書了，
雀躍♪
所以我畫了POP廣告。
設置!!
希望這能
讓客人產生興趣，
把書拿起來看看…
然後今天！
歡迎光臨
這邊幫您結帳…
驚
是我畫
POP廣告那本！
推薦的書賣掉時…
謝謝您…
傻笑
傻笑…
常常高興得
看起來有些行為可疑。

會（大量）冒些奇怪的汗。

立場顛倒

近年來隨著社群網站興起，
官方Twitter
月刊●●●的△月號，
封面是偶像●●●！
封面是自己的偶像!?
得趕快預購!!
心動
雜誌透過官方帳號
公開最新情報的事情
已經愈來愈普及了。
因此…
不好意思，
我想預約●●●的
△月號~
我知道了，
您要的是普通版嗎？
不對，是增刊！
封面是△△的…
沒有
附錄
的那版！
我知道了！
激動
像這種時候…
剛剛收到
最新
情報的
客人。
還不知道
最新情報的
書店店員。
店員與客人的立場
會一瞬間顛倒過來。

真的幫了我們很大的忙…！

因為就算事前知道了有時候也會忘記…

不熟悉

剛剛客人預約的雜誌封面…
？
……!!!這誰啊？
我是第一次看到這個偶像男團…
○○○○首次登上封面!!
超失禮↑
啊，這個剛剛客人也問過我了…
果然很有人氣嗎…
這裡寫著團體詳細資料…
沒聽過的團體登上封面時，
唔？日本人？韓國人？
呃，好像是日本人的團!!
我都不知道…
常常變成這樣…

連是不是日本人都不知道…

讓專業的來

11點 請排隊的客人來這裡結帳！
不過店員裡還是有對此非常熟悉的人…
對偶像男團的情報很了解。
下一期的My●jy●會附人氣投票的明信片，所以一定會大賣！
清楚明確
已經到了這時期嗎…
謝謝。
多訂幾本好了…100本左右？
可以的話那本文庫本也盡量放在雜誌附近。
因為沒地方放，總之我先放在面陳展示架上！
如何？
新書腰
沒問題♡
因為有翻拍的電視劇書腰，可能會賣得不錯～
畢竟我也買了!!
緊張不安
果不其然，
要預約下一號的My●jy●是嗎
什麼？您要訂10本!?
呃？
空
好厲害
啊～！文庫也賣掉了！
那項建議是正確的。

喜歡就是力量～

應確認事項（1）

剛當上書店店員時…
麻煩幫我訂10月2日發售的雜誌！
我知道了！到貨後會再通知您。
但當訂購的商品到貨後…
奇怪？不是這一期呢…
奇怪？
什麼！
可、可是期數對了啊！
為什麼？
週刊與雙週刊雜誌的封面期數會與發售日不同，你弄錯了…
這是上一期…
前輩
我是看封面判斷的…
實際發售日是9/15左右。
Lemon Page
10/2號
雜誌上所寫的期數是10/2號
我才對不起。
對不起~
自從有過這樣的事後…
可以幫我訂●nan的●月×日號嗎…
若知道的話請告訴我封面或特輯的內容~
我開始學會像這樣先問客人了。

為了不出錯每次都會再三確認…汗

應確認事項（2）

剛開始熟悉書店店員的工作時…
請幫我訂這本書~
我知道了！到貨後會再通知您！
但當訂購的商品到貨後…
書名對了但不是這本書…
什麼？
書名相同卻不是同一本!?什麼意思？
又來
又出包了!?
啊~你弄錯輕小說與漫畫了…
前輩
我只看到書名…!
兩者書名都一樣
輕小說改編的漫畫
輕小說
小書痴轉生物語
我才對不起。
真的很抱歉~
自從有過這樣的事後…
我想訂「●●●」這本書…
目前出版了2種，請問您要的是漫畫還是小說呢？
我學會像這樣先問客人了…

直接詢問。

小心禮品包裝

到了12月，書店店員會忙於包裝聖誕節禮物…
要快點
雖然包好的禮物會先向客人確認是否有什麼問題…
11點
請排隊的客人來這裡結帳！
讓您久候多時了！
我用這種包裝紙幫您包裝好了~
!
啊~！沒問題，謝謝你！
!!
?
原來是送給那孩子的禮物啊！
看來是「聖誕老人」要送給他的呢…
不過幾年前曾發生這樣的事，之後把禮物交給對方都會小心。

所謂確認就是環顧四周，慎重行事。

組合

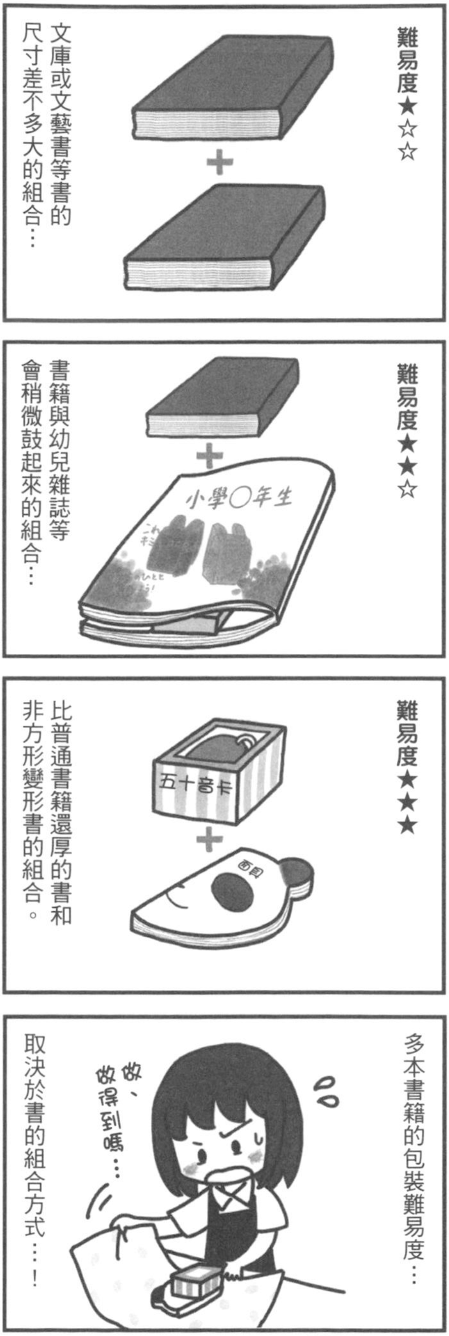
難易度★☆☆
文庫或文藝書等書的尺寸差不多大的組合…
難易度★★☆
書籍與幼兒雜誌等會稍微鼓起來的組合…
小學○年生
難易度★★★
比普通書籍還厚的書和非方形變形書的組合。
五十音卡
多本書籍的包裝難易度…
做、做得到嗎…
取決於書的組合方式…！

完成品→

教教我!! 智慧貓頭鷹
ISBN是什麼？
店員小姐，你知道這是什麼條碼嗎？
這就是ISBN啊！
又稱為JAN號碼對吧！
得意
Ho Ho～！沒錯！不過你知道「ISBN」是什麼的縮寫嗎？
…縮寫!?

仔細看其實很有趣的書籍封底！

ISBN ＝ International Standard Book Number

ISBN為以上首字母的縮寫，是國際標準化組織（ISO）採用的規範。從這個號碼中可以了解書籍的資訊。
ISBN、圖書分類號碼、售價又合稱為「日本圖書號碼」。

這裡是ISBN

ISBN 978-4-331-52368-1

- 978：圖書商品的前綴
- 4：群體識別碼（國家代碼）（不同國家的代碼也不同。（日本為4））
- 331：出版識別碼（不是「社」喔！）（日本圖書號碼管理中心負責登記申請與管理代碼，並將特定代碼分配給各家出版社。）
- 52368：書名識別碼（不同的書名所分配到的號碼。）
- 1：校驗碼（用來檢查整個書號是否正確的數字。）

C0079 ¥1400E

- C0079：分類記號（左頁有詳細資訊！）又稱為C號碼或C分類
- ¥1400：售價 開頭為¥符號的為定價
- E：結束符號

好像知道又不知道的書店解說專欄!!
原來是這樣!!
ISBN是為全世界的書籍統一編制號碼的系統。
全世界！

將上面資訊彙整而成的2段條碼稱為書籍JAN號碼。

上面是ISBN。

9784331523681

下面是分類記號與售價。

0000000000000

書籍JAN號碼

在2006年12月前使用的是沒有978開頭的10位號碼。
我一直以為ISBN就是JAN號碼的別名…
原來指的是條碼的部分！
我都不知道…

圖書分類號碼（C號碼）取決於這張表！

結構（4位數字）

第1位→代表販賣對象

販賣對象 號碼	0	1	2	3	4	5	6	7	8	9
內容	一般	教養	實用	專門	檢定教科書 消費稅非課稅品 其他、	婦人	學參I（以中、小學生為對象）	學參II（以高中生為對象）	兒童	比照雜誌處理

第2位→代表發行型態

發行型態 號碼	0	1	2	3	4	5	6	7	8	9
內容	單行本	文庫本	新書	全集、叢書	MOOK、月曆、日記、記事本、其他	事典、辭典	圖鑑	繪本	磁性媒體等（光碟、點字混合書等）	漫畫

分類號碼的秘密

雖然解開了ISBN的謎團…
但其實分類記號的數字也是有意義的！
請活用本頁的表格，
解開您手上的書所標記的暗號吧！

第3、4位→代表內容

十位數字 大分類		個位數字 中分類 0	1	2	3	4	5	6	7	8	9
0	總類	總類	百科全書	年鑑雜誌		資訊科學					
1	哲學 心理學 宗教	哲學	心理學	倫理學		宗教	佛教	基督教			
2	歷史 地理	歷史總論	日本歷史	外國歷史	傳記		地理	旅遊			
3	社會科學	社會科學總論	政治、國防軍事	法律	經濟、財政、統計	經營學		社會	教育		民族風俗
4	自然科學	自然科學總論	數學	物理	化學	天文、地球科學	生物		醫學 藥學		
5	工學、工業	工學、工學總論	土木	建築	機械	電學	電子通訊	海事	採礦 冶金	其他工業	
6	產業	產業總論	農林業	養殖業	商業		交通、通訊業				
7	藝術、生活	藝術總論	繪畫、雕刻	攝影、工藝	音樂、舞蹈	戲劇、電影	體育、運動	才藝、娛樂	居家生活	日記、記事本、月曆	漫畫、劇畫
8	語學	語學總論	日語	英美語		德語	法語		其他語言		
9	文學	文學總論	日本文學總論	日本文學詩歌	日本文學小說		日本文學評論、隨筆、其他		外國文學小說	其他外國文學	

新書漫畫是9979、
文庫是0193。
好有趣!!
我看懂了，我看懂了！
小藝…
順帶一提，許多資深書店店員會將號碼全記起來。
原來70是藝術啊…

12:00-13:00 中午休息

13點

真正的戰鬥從現在開始
～中午過後才要拿出實力～

切換

吃完中餐…
咀嚼
咀嚼
能吃飯真幸福—
喝完咖啡…
好—喝—♡
（感覺）頭腦清醒了～
補充完能量後…
那麼…
幹勁氣場
比賽重新開始!!
繼續工作！

噹！
（重新開始比賽的鐘聲）

每天好幾次

全神貫注地上架剩下的新書！
手腳俐落
接受客人的詢問！
不好意思，請問〇〇的書放在哪裡？
放在那邊—
新書上架完後…
之前賣完又補貨的書。
動作敏捷
終於到貨了!!
幫了大忙
全神貫注地擺上要補的書！
然後接受客人的詢問！
有這本書嗎？
呃…
請您稍等一下。

※反覆多次

突發的那件事

回覆完客人的詢問，回到運書車旁的我…
繼續來補書吧～
呼—
…奇怪？
完成補書了！
登登登
空
哎呀～
像這種時候多半是…
1：負責同分類的同事幫我上架的。
我全部弄完了。
感謝…
2：自己已經做完，但腦袋當機一時之間忘了。
我上架完了…？
還好嗎我…
3：服務客人時擺在一旁忘記處理了。
僵住
啊，一直招呼客人結果忘記了。
混亂…

令人遺憾地，通常我都是3…

千鈞一髮

13點 真正的戰鬥從現在開始

繼續上架中…
嗯？
唉…我又把上架中的書忘在一旁了…
我不記得有這些…
現在手上有書，等一下再來回收吧
啊…？
拿起
好險～！
CACHER
歡迎光臨～
原來是客人選的書！

難怪我不記得☆

成長過程

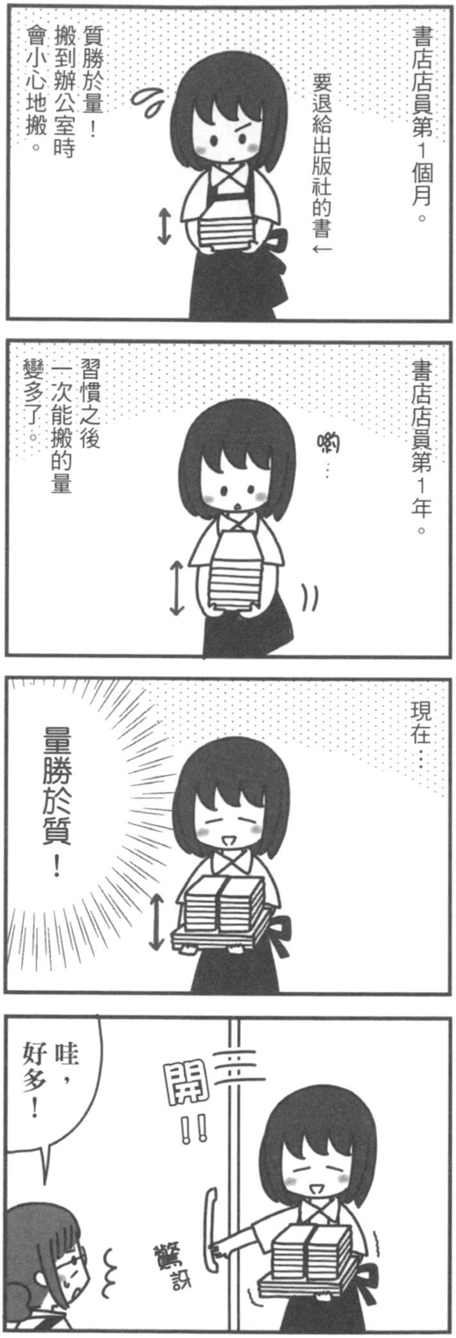
書店店員第1個月。
要退給出版社的書←
質勝於量！搬到辦公室時會小心地搬。
書店店員第1年。
喲…
習慣之後一次能搬的量變多了。
現在……
量勝於質！
開!!
哇，好多！
驚訝

懶鬼～

生存理由

終於全部上架完了……
搖搖晃晃～
辛苦啦～
今天的新書真多～
呼
對呀，我已經累壞了……
啊！是說那本漫畫隔了2年，下個月終於要出最新一集了。
什麼！
真的嗎!?
超開心！我又能活到下個月了～！
好期待～♡
我高興得要封膜幾本都沒問題呢～

書是生命源泉！

13點　真正的戰鬥從現在開始

書籍的不可思議

這本書……
明明插在書櫃裡，但每個月都會定期賣出1本耶……
確認銷量中
訂個3本，平堆在書櫃前試試看好了～
噴氣
接著1個月後……
這1個月賣了2本……！
奸笑…
就這樣繼續觀察情況吧……！
有些會賣得不錯～
犯罪者？
但也有相反的例子……
為什麼～？比起平堆，之前插在書櫃裡的時候還賣得比較好……
奇怪？
只能每天研究……

不同的書適合不同的陳列方法，挺有趣的！

膽小地下訂單

這裡書櫃前平堆的書換成其他的吧……
嗯……
像這種時候……
就會暫時花一些時間，
觀察對這個書櫃有興趣的客人。
男性……
50多歲？
是學生嗎？
然後參考各種資料，小心翼翼地下訂單。
本店過去的銷量數據
前輩說網路排行榜有參考價值……
嗯～適合我們客人的有哪些……
更換書籍後每天都會偷偷確認賣得好不好。
賣了2本！太好了！
起身
PC
這個瞬間真的很令人開心。

每次都戰戰兢兢地嘗試。

超調整

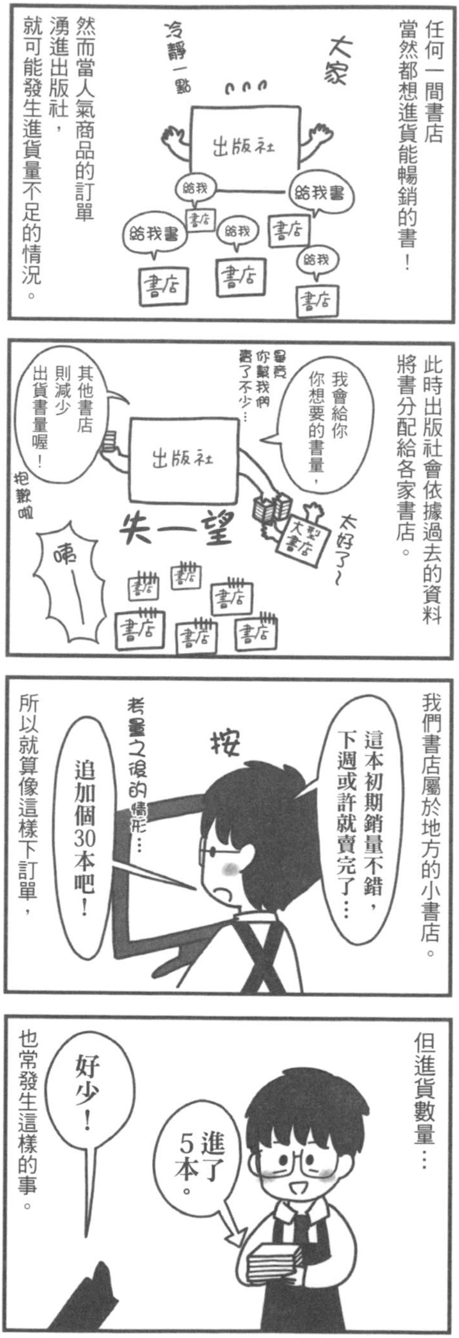

任何一間書店當然都想進貨能暢銷的書！
大家
冷靜一點
出版社
給我
給我書
書店
然而當人氣商品的訂單湧進出版社，就可能發生進貨量不足的情況。
此時出版社會依據過去的資料將書分配給各家書店。
我會給你你想要的書量，
畢竟你幫我們賣了不少…
太好了～
大型書店
其他書店則減少出貨書量喔！
抱歉啦
失一望
唏—
書店
我們書店屬於地方的小書店。
這本初期銷量不錯，下週或許就賣完了…
按
考量之後的情形…
追加個30本吧！
所以就算像這樣下訂單，
但進貨數量…
進了5本。
好少！
也常發生這樣的事。

世事難料…

賭徒書店店員

※參照83頁專欄

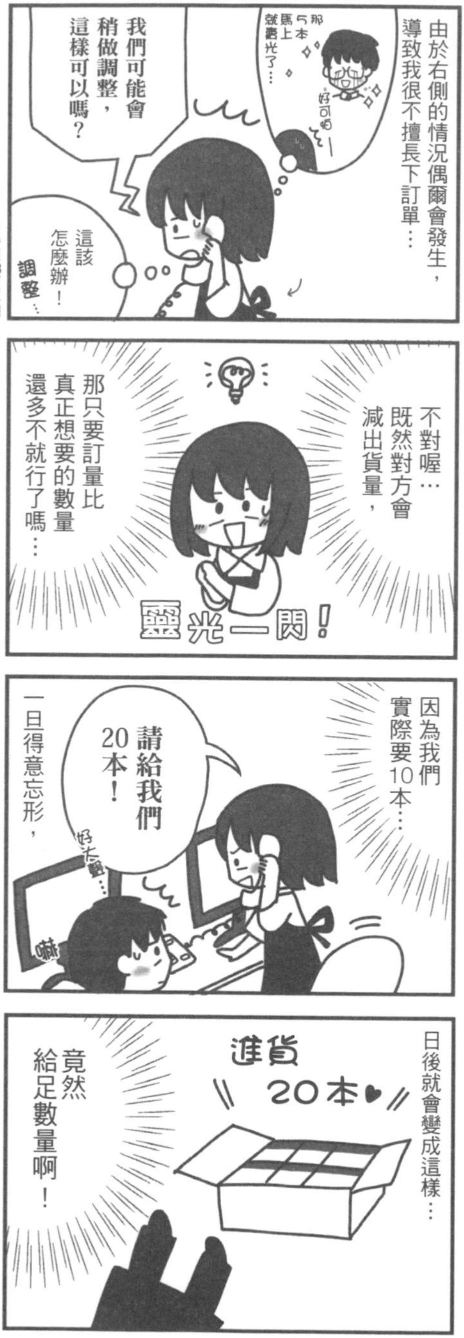

由於右側的情況偶爾會發生，導致我很不擅長下訂單…
那5本就馬上賣光了…
好可怕—
我們可能會稍做調整，這樣可以嗎？
這該怎麼辦！
調整…
不對喔…既然對方會減出貨量，
那只要訂量比真正想要的數量還多不就行了嗎…
靈光一閃！
因為我們實際要10本…
請給我們20本！
好大膽…
嚇
一旦得意忘形，
日後就會變成這樣…
進貨
20本♥
竟然給足數量啊！

真的很難預測…

高興得太早

深受歡迎的小說
終於要翻拍真人電影了！
在庫存賣完前先下訂單吧～
得意
我很懂凡事趁早的道理呢……★
PC
我真了不起…
FAX放大
再刷出貨時會加上電影主視覺圖的※滿版書腰！
NEW

※滿版書腰→跟封面幾乎一樣大的書腰，會包在封面上面。

明明再等一下、
明明再等一下就好了…
淚水

之後向出版社的業務要到書腰了。

別錯過時機！

一同出演電視劇的2個人結婚了～！
什麼！好強！
有本雜誌的封面是他們2人！
啊～!!
起身
啊～！2人牽著手的那本嗎！
有幾本？
Switch
倉庫裡還有5本左右！
擺到展示架上吧！
翻
那我來準備POP廣告！
總之先寫上一些字…。
到了隔天，那本雜誌就不見蹤影了…！
空
倒下來的廣告插牌
真厲害—
賣光了…

前輩們的迅速反應跟客人購買的速度都是一絕！

教教我!!智慧貓頭鷹
原來是這樣!!
好像知道又不知道的書店解說專欄!!
關於雜誌與書籍的流通
雖然書店可分為新書書店（販賣新出版書籍的書店）與二手書店等等，不過本書的說明以新書書店為主。
出版社
在日本的書店內會稱呼為「版元」。
籌畫、印製雜誌及書籍等出版物。
經銷公司
在書店內有時也稱為代辦
●日販（日本出版販售）
●東販
●樂天Books Network（前身為大阪屋栗田）
●Transview
等等
負責流通到全國各個書店。
僅日販與東販的市佔率便達到約8成。
書店
然後再到每位客人手上！
販賣給讀者！
書籍不是直接從出版社送來書店呢。
話雖如此，還是有部分出版社不通過經銷商，直接交貨給書店。
話說回來Q&A
Q.
為什麼在日文裡不稱為「卸業者」（批發業者）而稱為「取次」（經銷商）呢…？
A.
據說是因為比起「批發」，他們所扮演的角色更像是「仲介、經銷」，因此一般才稱呼為經銷商。
話說回來Q&A
Q.
既然有出版社直接與書店交易，那不用經過經銷商不也可以嗎…？
A.
由於經銷商的工作是將出版社印製好的雜誌或書籍包裝後再流通到書店…
若出版社不透過經銷商就得自行包裝訂單的商品並寄發到每間書店去。
書店這邊也因為要接收來自眾多出版社的雜誌與書籍，導致工作會非常辛苦…
哇—！
感謝你們，經銷商！

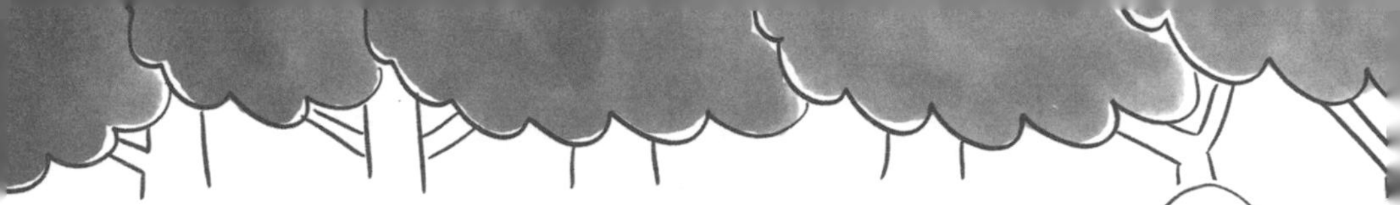

各式各樣的銷售通路

除了右頁介紹的通路外，還有以下這些通路。

- **●CVS通路（CVS＝便利商店）**
  在便利商店販賣雜誌、漫畫及文庫等的販售方式。
- **●Kiosk通路**
  在各車站的Kiosk商店販賣週刊雜誌或文庫等的販售方式。
- **●販售會通路**
  透過報紙商店販賣報社相關雜誌等的販售方式。
- **●教科書通路**
  透過各都道府縣的教科書特約供給所販賣書籍的販售方式。
- **●合作社、農協通路**
  通過經銷商在地方、大學合作社及農協販賣書籍的販售方式。
- **●分期付款通路**
  由推銷員推銷百科全書或高價書籍等的販售方式。
- **●直售通路**
  在出版社的代售據點販賣書籍的販售方式。
- **●郵購通路**
  藉由報紙或雜誌廣告等，不經書店直接由讀者方下訂單的販售方式。

…等等。

出版的雜誌與書籍並非全部都會送到書店手上。

報紙廣告刊登的書籍有些能在書店購買，有些則無法經由書店購買，需要多加注意！

原來有些常在門市被問到的書籍都是僅限郵購通路啊…

從經銷商物流中心出貨的過程

主要經銷商的物流中心多位於首都圈，並由各經銷商獨自營運。雜誌與書籍會從這裡運往日本全國各地。

首都圈內用貨車，較遠的地方則透過貨運列車及貨輪運送。因此，愈接近首都圈的地方能愈早到貨，愈遠的地方則愈慢到貨。

隨著經銷商及物流公司的勞動改革，原本只晚1天的地區從2019年春天起會晚到2天。

現在岡山的書店會比首都圈晚2天到貨。

※不同商品的到貨時間有所差異

可疑人士

啊…
廣告插牌上寫的書
偷偷摸摸
嚇
歡迎光臨！
轉
謝謝光臨～
CASHER
收銀台
太好了！
真是謝謝您！

注意背後的店員（說不定是我喔…！）

偶然聽到劇透

在門市工作時…
喧鬧
你知道嗎？那部漫畫的結局…
驚
躲
有時候會聽到客人的對話洩漏劇情。
趕快逃走以免聽到←
我還沒看到那本漫畫的結局啊～真危險…
但在結帳中…
我幫您包起來…
這本我看完了！
最後●●會△△喔～
不要暴雷，我還沒看！
打擊!!
我也還沒看耶…

討厭！在結帳時！犯規啦！

書店怪談

13點 真正的戰鬥從現在開始

工作中…
喲咿咻
來上架童書吧～
不知從何處傳來……
叮咚
啷噹♪
嗯…？
鋼琴的聲音…！
這、這什麼聲音？
叮咚
啷噹♪
嗯？
原來是有聲繪本的開關沒有關！
打開
叮咚
啷噹♪
開關切到ON

電池會沒電。

偵探

奇怪？
堆
大概…從上面的書櫃拿下來卻放不回去…
放著應該會幫我收吧♪
是這麼回事吧…
我幫您放回去。
嗯嗯。
嗯？
漫畫雜誌用的橡皮筋…
站著看完後橡皮筋綁不回去了吧…
噗。
唔…奇怪。
綁不回去…
綁回去吧…

其實發生什麼都看得出來。

大幅度調書架

平時書店店員的工作幾乎就是重勞動！
嗚喔喔喔喔!!
根本不知道有幾公斤
而這之中最辛苦的…
差不多該把雜誌換個書架放了吧～
店長
就是大幅度調書架※！
※調書架＝調動現在書本的擺放位置，以便客人更好拿取
每年會有幾次利用店休，將書櫃裡的書全部拿出來重新擺放。
店長
嘿咻
嘿咻
呷
呷―
於是就完成了美麗的書櫃…
閃亮
文化
與筋疲力盡的店員們☆
癱軟
辛苦啦―
店長

隔天肌肉痠痛☆

調書架後1星期

經歷艱辛的換書架後，過了1星期。
○○○移到△△了
換書架後感覺好像變成不同書店―
運動雜誌與汽機車雜誌專區在隔壁，對男性客人來說應該很好逛！
摩托車
運動
汽車
這邊則將女性雜誌統合在一起，減少了移動距離！
不過雖然腦袋這麼想…
來上架吧～
…奇怪？
但身體還記得
運動
鐵道類書籍移到○○
啊…拿到之前的櫃子來了…
原本的擺放位置！

迷路。
※而且會反覆好幾次

調書架的不講理（1）

這本書的位置低一點好了…
跟這櫃的書交換吧…
突然開始換櫃子。
努力加油
抓
↑單手抓著書移動到其他位置的我真的有夠懶…
啪搭
啪搭
啪搭…
腰好痠…
叩…
掉

骨牌。

調書架的不講理（2）

13點 真正的戰鬥從現在開始

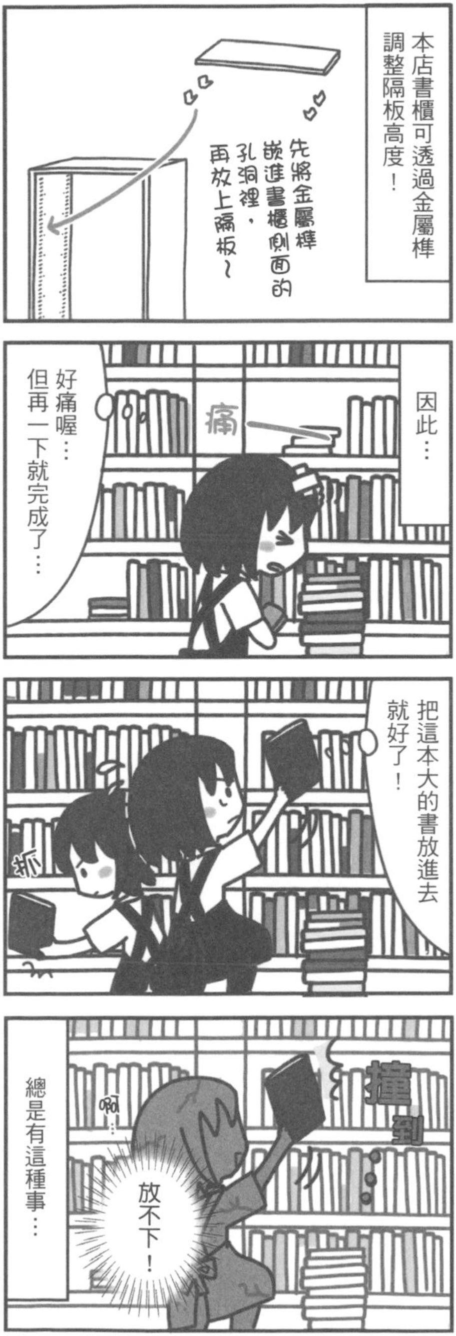
本店書櫃可透過金屬榫調整隔板高度！
先將金屬榫嵌進書櫃側面的孔洞裡，再放上隔板～
因此…
痛
好痛喔…但再一下就完成了…
把這本大的書放進去就好了！
抓
總是有這種事…
啊…
撞到
放不下！

只能把隔板往下調再重新擺放～！

教教我!!智慧貓頭鷹
原來是這樣!!
好像知道又不知道的書店解說專欄!!
關於下訂單
店員小姐…你能說明下訂雜誌或書籍是怎麼一回事嗎？
訂單有以下這2種
顧客訂單 客人向書店訂購雜誌或書籍時所下的訂單。（也稱為顧客份）
店面份的訂單 書店為了將雜誌或書籍陳列在店面裡所下的訂單。
無論是哪一種訂單，都要向出版社或經銷商下訂！
喔
說到有自信的內容就滿積極的…
沒錯！補充一點…你應該看過雖然自己沒有下訂，但自動發出訂單的書吧？
啊…！你說自動下訂？
是的！引進POS系統的店家可以在售出書籍的時間點，自動向經銷商的物流中心下訂相同的商品。
結帳時掃過書籍的ISBN後…
ピッ
會透過POS系統自動向物流中心下訂，
幾天後作為補書重新進貨到門市。
※雜誌不會自動下訂
這麼說起來…POS系統到底是什麼東西呢？
嘿嘿…
POS是Point of Sales的縮寫，全稱為銷售時點情報系統。系統能在商品賣出的瞬間即時輸入資料，可以同時做到：
・銷量管理
・庫存管理
・訂單處理
等等各項功能，是非常方便的系統。
雖然自動下訂很方便，但另一方面當經銷商沒有存貨時，就算下了訂單也不會進貨…因此果然還是需要靠人的眼睛親自確認當日銷售情況，自行下訂所需的商品。
原來POS系統是能幫我們解決許多辛苦工作的得力助手呢～

關於下訂方法①

至於下訂的方法…
總共有4種！

① 打電話下訂

從經銷商處取得往來出版社名簿（參照第25頁），找出目標出版社的電話號碼，直接打電話下訂單。

往來出版社名簿可以像字典般查找出版社。

下訂顧客份時：
我要顧客份。
下訂店面份時：
我要店面份。
麻煩您了！

須事先表示需要的是什麼訂單再下訂。

解謎

下訂時出版社人員會說些業界行話，這些是什麼意思呢？

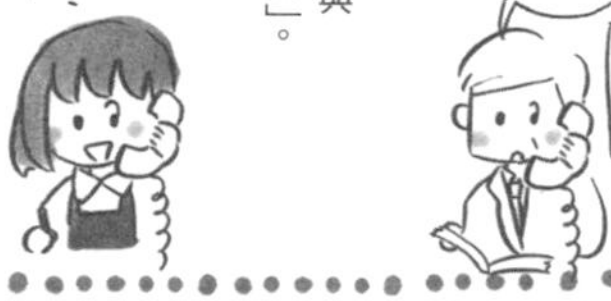

出版社
請告訴我「進剩」多少。

意思是「要進貨的數量與現在剩下的數量」。

據說能成為對方的參考資料！

下訂新書或暢銷書時出版社常會這麼問，若事前確認過資料並做好筆記就能流暢下訂。已發售一段時間的書則幾乎不會問。

出版社
可能會做調整喔～
此時往往會稍微增加下訂數量～
但通常不會增加到很誇張的程度。

意思是「若湧進來自全國書店的訂單，實際出貨量可能會比訂單的數量還少喔。」

※參照第74頁左邊四格漫畫

順帶一提…
新刊：指的是剛出版的書。
已刊：指的是已經發售的書。
未刊：指的是尚未發售的書。

② 用傳真下訂

每天從堆積如山的傳真中選出適當的書，再將所需本數填上去回傳。

唔…

找出埋藏的珍貴情報！

被電視節目特別介紹的書籍等媒體曝光情報。

預定刊載在報紙廣告上的書籍情報。

暢銷書的再刷情報。

TV
這裡!!

在缺貨前趕快下訂吧！但是下訂數量太多反而會造成庫存過剩，說不定之後還要退書，因此務必仔細考量後再下訂。

如果儲物櫃裡是咖啡吧就好了…
疲勞

14點

來得正是時候
or
時機不對？
～業務員來店的時間～

天與地

整理書櫃中…
悠閒的午後…
上架完之後心情更加輕鬆了…
啦
啦
但收銀台卻瀰漫著一股不祥的氣氛…
CASHIER
嗯…發生什麼事了？
禮券包裝460張…
對方似乎急著要，再過30～40分鐘會來店裡拿！
咦——
太扯了!!!
不停拼命
剛剛的悠閒時光到哪去了!!!

負責收銀的店員也一起幫忙
才好不容易趕完…

令人開心的事

結束禮券包裝…
啊…好累喔…
終於趕上了…
累——倒
嘟嚕嚕嚕嚕～
有電話…
喀洽
感謝您的來電！我是三日月書店的今川…
啊!?出版社的業務先生！
好久不見您！什麼!? 現在!? 沒問題，請您過來。
交情不錯的業務現在要過來！
他說他剛好在附近～!!
哇—
好高興～！我精神都來了
喀洽

這是能恢復體力的特別活動♡

咫尺天涯

14點 來得正是時候or時機不對？

啊，是今川小姐…
結帳中…
謝謝光臨！
您好
敬。
啊！
是出版社的業務先生！
他要出來接應是嗎？
先把資料拿出來吧
我離開收銀台一下！
不好意思
好！
啊～
（兩人心裡的聲音）
不好意思，有這本嗎？
對不起喔。
好的，我查看看！

說不太到話…

感受到愛書的心意

今川小姐您好～
您好！謝謝您剛剛打電話來！
新書我們放在這裡！
話題書!!
亮相─！
大解剖!! 外國的房屋
嗚喔～
擺放的位置這麼好呀！
但是坦白說比起這櫃，原櫃※那邊動向※更好呢……
放在那邊的裡面……
咦～！也就是說……
這表示讀者是真正覺得「好想要這本書！」所以才買的嘛！
哇─♡
真的令人好開心！
對耶！如果不說店裡的銷售方式，對方就不會知道！
這種書法最讓我們高興!!

我們會盡可能將門市觀察出的情報告訴對方！

※原櫃＝書籍原本的分類所擺放的書櫃。原本放的書櫃。
※動向＝銷量

都市與鄉下

還有，這是您送來的廣告看板！
鏘鏘
徹底解析寶塚的魅力新書看板
哇～好棒！
讓我拍張照!!
雖然要是位置再好一點就好了……
不好意思只能放角落的牆壁…
新書看板
別這麼說！
雖然都會圈的書店或大型書店常有廣告看板…
又是東京、大阪廣告…小店裡沒那種地方貼啦～
地方的書店店員
咦─
這倒是!!
不過，若地方書店也能像這樣擺放的話，執行的門檻也會降低～！
嗯，岡山…這樣我們說不定也行喔!?
那如果賣得好做出成績，不就成為您的業績了嗎！
大賣吧！
也能為書店的銷量做出貢獻呢！
#

一夥的♡

業務員的工作

業務員的工作有：
1【介紹新書及已出版的書】
這是新書介紹～
我們想要這本3本！
2【廣告促銷】
※這是POP廣告與販售台!!
※可以放書的紙製台座。
哇—好可愛♡
馬上用看看！
3【交換情報】
這本書在○○書店是這樣展示的!!
好棒喔…我們也像這樣做做看吧…
還請務必!! 任何時期做都沒關係（業務）!!
4【閒聊】
最近如何～？
會不會忙過頭啊？
哎呀～
還是一如既往地穩定啦～
笑呵呵～

最喜歡聊天。

雖然是其他公司

14點 來得正是時候or時機不對？

徹底解析 寶塚的魅力 新書看板
咦？那塊看板是什麼？
那是E出版社的新書廣告。
不妨請您也看一看。
咦—這好有趣喔！
寶塚!?
沒錯吧!? 寫得非常詳盡呢～
展覽看板可以拍照嗎？
我們也想參考看看
請～！負責的業務先生剛剛還在這裡呢～
些微之差…
其他還出版了這類的書，相當有趣喔—
似乎很適合我們客群。
好棒喔！我們家雖然主要是童書，但我也喜歡這種書！

NOT間諜。

第二位母親

有點早但是…
這是暑假的書展介紹！
好的~
謝謝您。
啊！
我小時候有玩過
這個套組喔!!
真的嗎！
豐年蝦
用牛奶盒造紙
螞蟻生態觀察
這個或這個…還有這個！
真的很好玩呢~！
這樣啊~！
現在長這麼大了…！

感慨萬分。

業務員與時機

平日的下午…
你好!!
不好意思突然拜訪你。
啊，A出版社的
業務先生！
平時承蒙您關照了——
總有幾位業務幾乎每次
我剛好結束
收銀台的工作。
真的嗎!?
太好了~
都能正好在店內
空閒的時間來找我談話。
不過相反地…
今川~
你休息時B出版社的
業務打電話來了！
他說還會再打一次…
好，
我知道了。
也總有幾位業務每次都很
不巧地在我忙碌時找我。
今川小姐…
你服務客人時
B出版社的業務
又打來了…
什麼？
又錯過了
這真是很不可思議…

到底為什麼呢…？

其他書店

有時會打聽附近書店的情況，當進貨量與陳列方式的參考。
其他書店會怎麼展示書籍呢？
最近我有拍幾張照片喔～
拿出
若有照片的話會請對方讓我們看看，再思考自己店裡怎麼擺設。
譬如這裡！
用平堆的方式展示!!
好有氣勢啊！
不過…我忘記書店的名字了…
呃——…
啊…
等等…因為這裡有漫畫專區…
是星屑書店吧！我超喜歡那間書店的～！
我沒去過呢～好想去看看～
哇…
沒錯，你太厲害了！

書店宅☆

視角

14點 來得正是時候or時機不對？

雖然業務給人男性較多的印象，但其實女性比較多！
午安～
哇～
好久不見了!!
現在都在家工作，時間比較充裕，所以我試著手工做了繪本的介紹書！
好可愛
我馬上裝飾起來！
有時候會拿到對方精緻的手工POP廣告或宣傳品。
其中也有很多位業務媽媽
這本書很好，但不知道為什麼賣不太出去…
這麼厚的書對小孩太重了！圖鑑之類的可以攤在桌子上…
太重!?
很幸運地能聽到身為父母親的意見…
我家小孩對這本書完全沒興趣（笑），但到現在還很喜歡這種書～
那就更換成那本吧！麻煩您給我5本！
所以我常常找他們商量。

我從來沒想過這種事！

真的多虧她們了…！

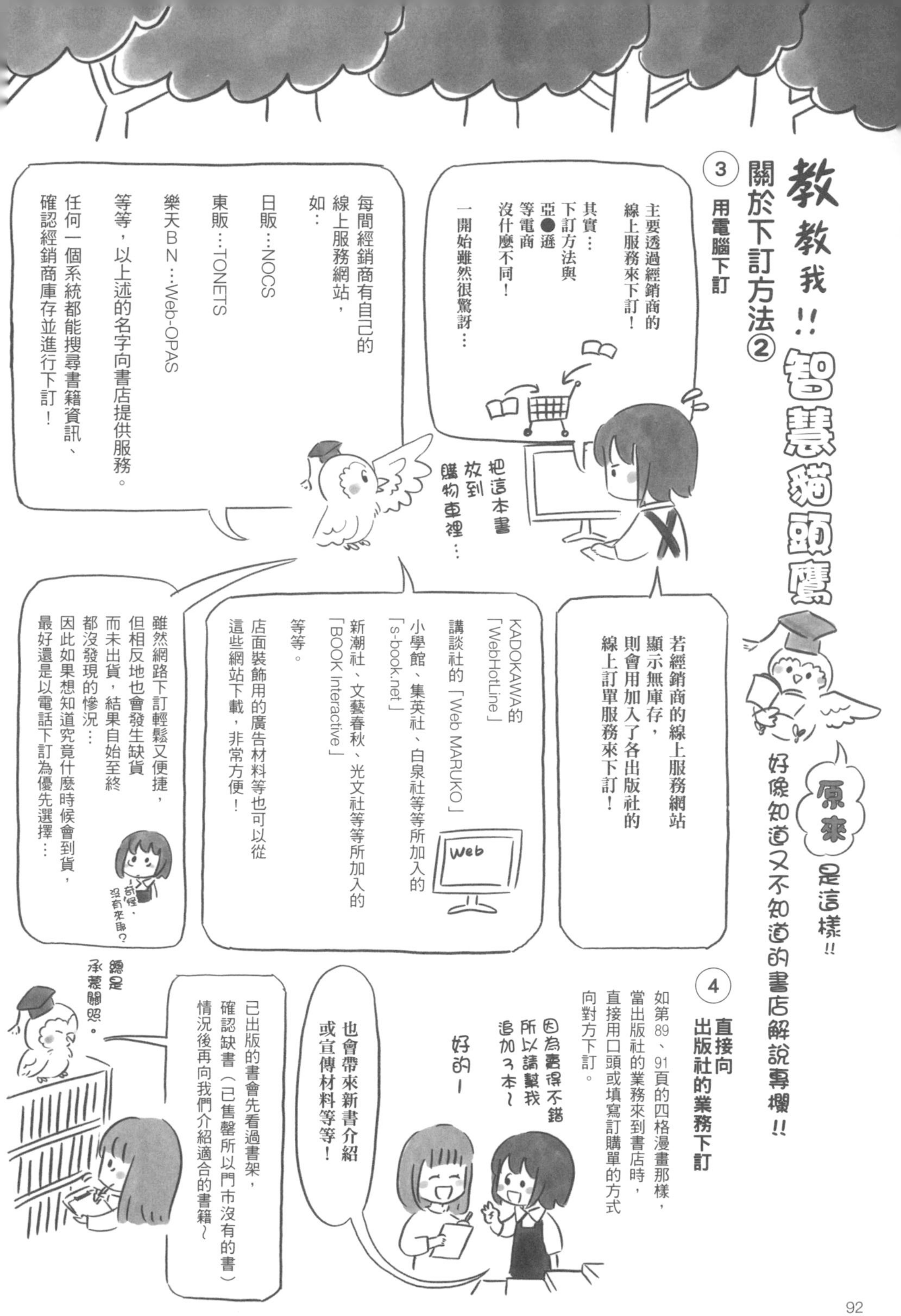

教教我!! 智慧貓頭鷹
原來是這樣!!
好像知道又不知道的書店解說專欄!!
③ 用電腦下訂
關於下訂方法②
主要透過經銷商的線上服務來下訂！
其實…下訂方法與亞●遜等電商沒什麼不同！
一開始雖然很驚訝…
把這本書放到購物車裡…
每間經銷商有自己的線上服務網站，如：
日販…NOCS
東販…TONETS
樂天BN…Web-OPAS
等等，以上述的名字向書店提供服務。
任何一個系統都能搜尋書籍資訊、確認經銷商庫存並進行下訂！
若經銷商的線上服務網站顯示無庫存，則會用加入了各出版社的線上訂單服務來下訂！
KADOKAWA的「WebHotLine」
講談社的「Web MARUKO」
小學館、集英社、白泉社等等所加入的「s-book.net」
新潮社、文藝春秋、光文社等等所加入的「BOOK Interactive」
等等。
店面裝飾用的廣告材料等也可以從這些網站下載，非常方便！
Web
雖然網路下訂輕鬆又便捷，但相反地也會發生缺貨而未出貨，結果自始至終都沒發現的慘況…
因此如果想知道究竟什麼時候會到貨，最好還是以電話下訂為優先選擇…
奇怪、沒有來耶？
④ 直接向出版社的業務下訂
如第89、91頁的四格漫畫那樣，當出版社的業務來到書店時，直接用口頭或填寫訂購單的方式向對方下訂。
因為賣得不錯所以請幫我追加3本～
好的！
也會帶來新書介紹或宣傳材料等等！
已出版的書會先看過書架，確認缺書（已售罄所以門市沒有的書）情況後再向我們介紹適合的書籍～
總是承蒙關照。

書店的地址章？「番線」章

那麼店員小姐…雖然下訂方法各式各樣，但有一項共通點…你知道是什麼嗎？
咦…是…是什麼…？
緊張
答案就是無論哪種下訂方法，都需要用到「番線章」！
番線!!
採印章形式
啊～！就是那個會分配給每間書店，像是書店地址章的印章對吧！
「番線章」的用法
打電話時…
我們是通過「●●」經銷商名的AXX-XX XX-XXXX
↑以口頭告訴對方。
利用線上服務下訂時…
往下拉…
一般番線
顧客番線
在最後確定送出前從選單中選擇番線。
用傳真、訂購單下訂時…
再刷！
O/X將在電視節目「公主殿下的早餐」中介紹！
庫存請從此處確認！
番線 數量 書籍資訊
書名、作者名、出版社名、ISBN、售價
放大
番線 數量 書籍資訊
5
書名、作者名、出版社名、ISBN、售價
此處會標示以上各種書籍資訊
在訂購單的框內蓋上番線章，填入下訂數量，接著再用傳真回傳或直接交給業務員。
蓋在這裡!!
蓋
在我工作的書店分成「一般番線」與「顧客番線」2種！
【顧客番線】只用在顧客訂單上的番線章。
跟一般番線相比…
・最後一位數字不同
・會標記「顧客訂單」
由於交貨時「一般番線」與「顧客番線」會用不同的箱子包裝…
因此可以避免店面用的補書與客人訂購的商品混在一起。
顧客
一般
大型書店還有書展專用番線或醫學書專用番線之類的喔。
好想看看長怎樣…

灰姑娘故事（1）

正在確認出版社的傳真…
堆積如山
插圖隨筆新書
哇——是我喜歡的作家推出的新書！
真開心
怎麼辦，超開心的！畢竟是廣受好評的作家，進多一點吧♡
我一定買!!
隨筆新書
製作專屬手帳!!
做出自己的手帳
番線
我很期待新書
雖然對方應該忙到沒時間看，但把現在開心的心情寫在傳真的角落傳回去吧…
幾天後…
今川小姐，S出版社有電話找你。
好的。
S出版社…？平常都不會打電話呀，真稀奇…會是什麼事？
承蒙您關照了！我們很高興看到傳真的訊息！我們預定要製作簽名書，現在正在詢問部分書店…可以的話，您是否能進貨呢？
咦！
他們看了!!!

當然要!!!!!（然後下訂了）

下單內幕

有些出版社在書籍登上媒體版面前會先用傳真通知書店。
這個在我們書店應該會賣得不錯！下訂吧！
下訂單時會用刻有分配給每間書店的號碼，稱為「番線」的印章來蓋章，
並填入想要的數量及訂單負責人的名字，再用傳真回傳。
書籍到貨後會陳列在店面。
訂太少都賣完了…
下次果斷訂大量一點吧！
燃燒…
即使觀察市場反應後想趁勝追擊…
但也可能突然遇上完全賣不掉的窘境…
綽綽有餘喔！
奇怪…
這次幾乎賣不出去…

下訂單真的很困難。

灰姑娘故事（2）

期待已久的簽名書終於到了！
好口愛～
有插圖的簽名耶～～我第一次看到!!
簽名書會先用封膜保護
再加上「簽名書」的標記
最後陳列在店面裡！
竟然在這鄉下書店！好像做夢喔!!
然後…！
有這本書嗎？
有的，我幫您介紹！
是那本新書！
→腦中歡天喜地
這次還有親筆簽名書，若需要的話…（施壓）
岡山只有本店有～
哇
是這樣呀！那我要買簽名書！
笑咪咪
此時的喜悅真的一輩子忘不了…

真的很感謝出版社與作者！

灰姑娘故事（3）

14點 來得正是時候or時機不對？

今川小姐午安～我趁上班前來看一看～
文具店店長～您好啊～！
！
店長，我有個書櫃想請您看看…
是什麼呢？
哦
在那邊…
我做了這裡的POP廣告！
是用文具做手帳的書，所以我想也很適合文具店才是！
哇
這還挺有趣的呢～！
親手做手帳
笑咪咪
那我就買這本書吧！
笑
我又無意間推銷給別人了…！
驚
噴
感謝您！

對誰都會推銷書…

浮現臉龐的業務員

並不是所有出版社都有業務員前來書店。
出版社的印象
那份資料在…
從再刷開始出貨。
好的、好的。
大家都很忙!!
像這些出版社主要透過電話或傳真來介紹商品。
電話
FAX
再刷
傳真不用挑時間是一大優點！
但忙碌時…
今川——
●●社的電話——
呃…
現在不太方便…
請對方用傳真就好。
嗚喔
參照86頁
哇
要優先處理眼前的事務。
至於傳真…
大量——
嗚喔喔喔…
才剛看完不久又來這麼多…
今川FAX
滿出來
就算提起幹勁要把傳真看完…
就看吧
這個需要
這個也需要
番線
叮—
支援收銀
來了
來了
放著不管
但幾分鐘後就會被叫去收銀台，在途中就擱置了…
此外出版社的業務員…
我負責中國及四國地區～
太多了吧!?
呃?
常常負責很大範圍的各項業務。
只要關係變親近了…
這本書的銷量放緩了…與其他書交換吧。
新書OOOO!
可是…沒有其他適合的專區。
腦中就會浮現業務員的臉，開始嘗試各種不同的賣法。
因此總是會比較偏坦直接來到店裡的業務員。
嘿嘿
若放在這裡書比較好…對方會跟我一起開心…
加油吧!!!

就算實際上　看不見對方身影　仍能見到面（5・7・5）
※俳句格式

經銷商

14點 來得正是時候or時機不對？

除了出版社的業務員之外…
今川小姐 你好！
哇—
你好！承蒙關照了！
經銷商的業務員也會來到店裡。
經銷商…
出版社
經銷商
書店
交貨
交貨
指的是出版社與書店之間的批發業者。
出版社的業務員…
我們主要出版漫畫！
我是漫畫區負責人
我們主要出版童書與幼兒學參！
我負責童書
我負責幼兒學參
會向各個分類的負責人介紹自家的商品。
另一方面經銷商的業務員…
通過我們經銷商進到書店的雜誌和書籍都能介紹喔！
包覆…
經銷商
心動…
能做到這件事。
因此經銷商的業務員會帶來各式各樣橫跨多間出版社的情報。
這本雜誌全國的預訂很多…進貨量決定再寄信聯絡你～
啊
這是今天客人詢問的雜誌…！
這本現在很有人氣喔！
另外因為經銷商會告訴我們所有雜誌與書籍的情報，
那本漫畫會再刷，若決定要進多少量了請聯絡我！
快速
謝謝你。
快速
啊，你好—
這是商業書籍的書展介紹。
所以任何分類的書都能收到新情報。
因為每週至少會來店裡1次
今川小姐 你好！
你好！
奇怪？
今天…有要介紹什麼嗎？
記得前不久才聽過…
所以幾乎像是一起工作的同事。
沒什麼—
只是想說回家前來看一下你過得如何呀？
沒有特別要做什麼啦—!!
討厭啦☆
（很開心）

大家都很溫柔…

※有時候新書或預定再刷的暢銷書等等不是由出版社，反而是由經銷商帶來「預定進貨●本」的情報。（不同商品的應對方式不同）

一來一往

跟業務談話中……
支援收銀—
叮—
呵呵 呀
!!
不好意思，我去一下收銀！
跑
好—
我趁這時候看看書櫃～
幾分鐘後……
這本跟這本沒有了，先訂這兩本比較好。
那就各給我1本吧……
叮—
不好意思，我再去一次收銀……！
不好意思，在你很忙的時候來找你……
暈…
不會不會…
我才要說抱歉……

不管什麼時候來都會是這樣。

互相幫助

發生新冠疫情後……
緊急事態宣言
發布—
不能在非必要、非緊急的情況下外出到其他縣市……
縣外的出版社業務員因為不能出差，所以改用電話或傳真來處理業務。
東京的業務員
好想趕快去岡山喔
我也好想跟您見面～
在這時期……
這是這次的新書介紹……
縣內的業務員
啊
也請您看看這個。
這個……是其他出版社的訂購單？
這是我之前工作的出版社所出的新書！
畢竟現在這時節，只能彼此互相幫助了……
在那邊對方也會幫我們介紹新書喔—
這樣啊—!!

令人嚮往的關係～

內部推銷

正在確認出版社寄來的郵件…
!!
這本漫畫要出新書了！
我看看~

裡面包含訂購單或海報等宣傳品↑

這個這個！現在放在原櫃上秀面的那本！
噴氣
啊啊
我還沒看過這部作品。
雖然本來就有點想看…
!?

這部作品很棒喔!!
會告訴我們人的愛情有各式各樣的形式!!
貼近
喔喔…真的嗎!?
嚇

有興趣的話!! 總之先借你1~3集左右吧!? 我明天就帶過來!?
什麼時候還都可以!!!
貼很近
那就麻煩你了!!
好喔…

阿宅↑

還書

14點 來得正是時候or時機不對？

之前借我的漫畫看完了，謝謝你~
還你~
別客氣~！覺得怎麼樣？

↑ISBN:9789863566489

哎呀~…真的很好看…
謝謝你推薦好作品…
那一幕、這一幕跟這段劇情都…
哈哈哈~很好看沒錯吧!!!
害羞靦腆

↑很愛借書給別人再聽感想

嗯，真的好看…
我也買這部漫畫了
想留一套在身邊
!!!!!!

真的嗎!? 好開心!!
貼近
很好…！
嘿咻
推
對作品的愛情沼澤
推人入坑就從同事開始…
有必要這麼高興？

業績很好♡

教教我!!智慧貓頭鷹

原來是這樣!!

好像知道又不知道的書店解說專欄!!

什麼是配書

配書在這裡指的是將雜誌或書籍分配給書店的意思。

其數量稱為「配書量」，會考量書店規模、地點、客群等等來決定。

書店通常要到發售日的2、3天前才知道雜誌或書籍的配書量。

分配書籍…「配書」!!

配書的種類

「指定配書」
由出版社自行決定在對方書店販售多少本的配書方式。

「自動配書」
由經銷商決定在對方書店販售多少本的配書方式。

確定配書量會透過進貨明細表將資訊表格化告知書店！印出來的單會放在收銀台供店員們查看（參照第25頁專欄）～

但如果想早點知道配書量…那該怎麼做才好呢？

可以洽詢經銷商，請對方告知在正式決定配書量前擬定的「暫定配書量」。

因為是暫定，所以最後實際配書量會有所增減…但還是能當作參考。

可以寄電子郵件詢問…

或直接詢問經銷商業務，請對方日後回覆

書店方可以決定的配書量

我們沒辦法自己決定發售前的書籍配書量嗎…

藉由「事前指定」方式，可先對發售前的書籍申請配書。

只要在出版社業務員帶來的新書介紹或郵寄來的新書訂購單上填入需要的數量，再用傳真交回去就能指定數量了！

或如同第158頁的四格漫畫般，漫畫雜誌、MOOK、雜誌增刊號等能在發售1個月前取得一覽表的電子檔。輸入數量再寄回即可事前指定配書量。

什麼是「三延」？

出版社給了詳細的書展指南，但其實有些地方我看不太懂…

欸嘿嘿…

什麼是書展（Fair）

出版社會精選數本已經出版的書籍組成套書，再次委託書店進行販售。（多稱為套書或組合商品）

由於會依照季節或特定主題挑選書籍，使書店也能打造具統一感的主題專區。對之前錯過時機的顧客來說，也是能再次遇見漏網遺珠的好機會！

他們問我「可以『三延』嗎？」但我不知道「三延」是什麼意思……

原來如此，他們說的是延後付款！

延後付款??

簡單來說…就是出版社跟書店約定可以延後向書店請款，但相對地書店必須在店面長期擺放商品！

「三延」是「3個月延後付款」的簡稱！

…換句話說，就是3個月後出版社才請款，不過在此期間商品必須持續陳列於店面的意思。（通常會在交貨日的隔月請款）
※稱為「即時請款」

過了3個月的委託期後，出版社便能接受退書申請，當然要繼續賣下去也OK！這整個過程在書店內便稱為「延後付款」。

另外，委託書店販售的期間若長達4個月、6個月甚至12個月不等，這種情況稱為「長期委託」。此時一般會稱呼為「4個月長期」、「6個月長期」或「12個月長期」等等。

※若為4個月的長期委託，委託期間雖為4個月，不過實際付款則要到5個月之後。

關於常備寄託制度

除此之外還有一個制度稱為「常備寄託」！

「常備寄託」？不是「常備委託」？

書店內稱為「常備」。

「常備」指的是將出版社的書籍借給書店，並請書店進行販售的意思。由於書籍所有權在出版社這一方，因此與「長期委託」有所不同。

若要打個比方，就像出版社將自家商品當作樣品寄放在書店的感覺！

雖然不是很熱銷，但每年都會賣掉一定數量的專業書籍，往往以常備寄託商品的方式與其他書籍合為套書進行販售。

原來如此—

「常備寄託」商品多為專業書籍，這類商品會在中間夾進補書條，因此立刻就能辨識出來。

MUZUKA SHII HON

夢想是跟工作上的前輩
和感情好的業務員
一起逛外縣市的
大型書店…
這個真好～
這本沒聽過！
我們店裡
應該也要進～
很棒吧～
我也想
參考這本♡

15點

補貨
～各位知道書架是有極限的嗎？～

VS補貨

負責拆封補書的人是輪流的。
今天的值日生♪
沙沙
呃—量還滿多的…嗯？
哇！賣完的書又補進來了！
之前想買的那本~
是哪本~？
探頭
請
哇
似乎是圖書館員所寫的書！他們把採訪圖書館讀者的內容集結成書了！
這看起來好有趣！
那本書是什麼？
現在大受好評喔~
喧
吵
是喔—

↑ISBN：9784065258927

這也是工作（略）

喘口氣的一瞬間？

太好了，全部上架完成！
呼…
再來把要退的書搬到辦公室吧~
要退的書會放在辦公室的櫃子裡，之後再裝箱。
嘿咻
嘿咻
放置
到了這時才終於能放鬆心情。
接著把運書車推回去開始下訂單吧。
傳真也得好好看一看…
真是累人…
開門
承蒙關照！
您的貨物已經送到了。
然後補書就到貨了。

書：「等我很久了嗎？」

15點 補貨

腦部鍛鍊

補書也像早上那般要先進行分類。
這是商業書、文庫、文庫
……奇怪？
藝人寫的商業書……應該算哪個類別？
娛樂？商業？
那是我訂的！
算商業喔～
好。
這個是爬蟲類的書……生物書？還是算寵物書？
生物？寵物？
啊～那算生物。
好。
分類……
環境問題算社會還是理工？
？？
但為了給兒童看有標記假名，算童書吧。不是嗎？
其實滿燒腦的。

預防癡呆。

故意的？

嗯……
僵住
怎麼了？
剛進的書邊緣都髒了！
書的邊緣
魔法使波利
嗯…這是刻意設計成看起來髒髒的書吧？
啊！真的耶！
偶爾有這種書呢～
安心
那封底看起來髒髒的也是原本的設計囉！
不對，這是真的髒掉！
打擊

仔細看看後再判斷…！

最近的書籍

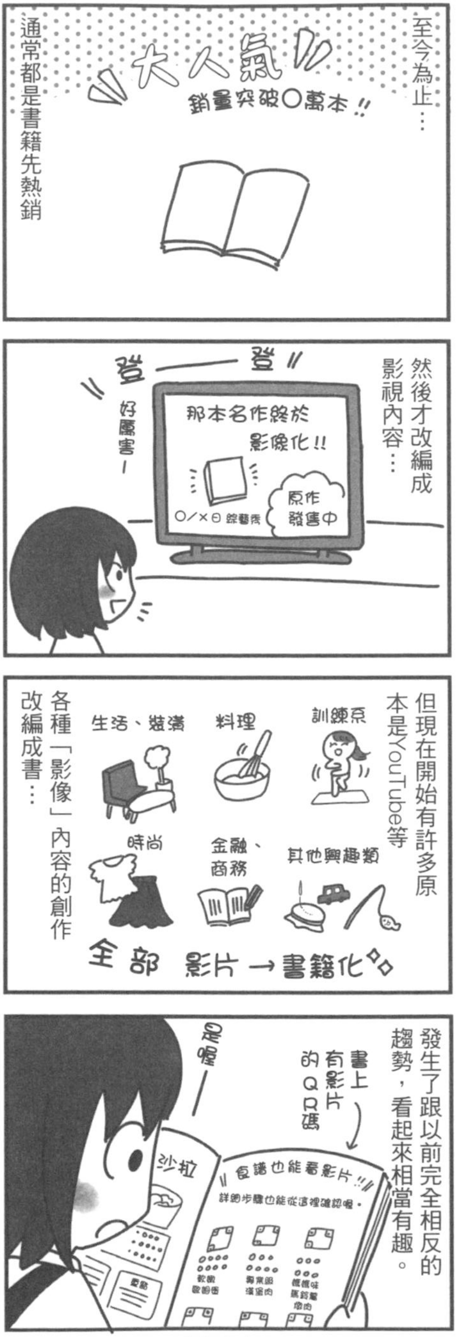
至今為止…
通常都是書籍先熱銷
大人氣!!
銷量突破〇萬本!!
然後才改編成影視內容…
登——登!!
好厲害!
那本名作終於影像化!!
原作發售中
〇/×日 綜藝秀
但現在開始有許多原本是YouTube等各種「影像」內容的創作改編成書…
生活、雜貨
料理
訓練系
時尚
金融、商務
其他興趣類
全部 影片→書籍化
發生了跟以前完全相反的趨勢，看起來相當有趣。
書上有影片的QR碼
是喔—
沙拉
食譜也能看影片!!
詳細步驟也能從這裡確認喔。

時代在變。

秋季例行公事

不好意思~！又送來新的貨品了！
好的，那請搬到辦公室…
咚!!
我知道了，那我放在這裡喔。
!!!!
謝謝您~！
走
啊~嚇一跳，原來是手帳…
之後再請業務來店裡看，現在還沒問題…
嗯…
驚
才覺得正月剛過而已，今年已經要結束了？
已經送來明年的手帳了？

秋天在雙重意義上都很恐怖…
（之後還會送來賀年卡素材集）

難過的重逢

15點 補貨

在辦公室…
回送品寄過來了…
哇—這下糟了…
明明已經退回去但又寄回來的雜誌及書籍稱為「回送品」。
這種時候需要請出版社同意退書的緣由…
此時打電話或傳真給出版社…
加上文件後再次退回去。
不好意思…
同意
然後把書再退回去。
由於回送需要運費…（由書店負擔）
啊啊…
一本書的運費約莫是50圓
因此退書前取得對方同意，讓對方知道這是同意過的商品是最理想的辦法！
雖然通常我們知道哪些大型出版社或已經多次取得同意的出版社可以退書…
奇怪？
這間出版社需要取得同意嗎？
忘了。
但很多時候還是會忘記。
雖然我每次都會查詢…
啊
那間出版社是※自由入帳喔～
這裡也是自由入帳
可以退回去
這裡用●●的名義同意。
對方之前電話說退書可以用他的名字。
那間出版社必須每次都致電取得同意才可以。
咿—
前輩們真熟悉！
什麼都不用看就立刻回答!!
啊～●●出版跟△△出版要用傳真取得同意。
流暢解說—
店長
還有○○社是這樣，△△社是那樣…
好厲害啊…
我還在努力學習，希望能像前輩們立刻做出反應。

※自由入帳＝無需同意便能退書的意思

真的記不住啦☆

跨越時光

客人訂購的商品也會隨著補充用的商品一同進貨。
好懷念！這是小學時讀過的繪本！
↑ ISBN:9784323012544
跟早上一樣先將書本綁好，通知客人到貨後再放進收銀台後方的保管櫃裡。
這是什麼樣的客人訂購的呢？
不好意思——
訂的書到貨了嗎？小朋友好像等不及了……
好的——啊！
待處理
這本書!!是剛剛的……
親眼見到客人與自己喜歡的書相遇……
我小學的時候也讀過這個喔!!
真的嗎!!
會湧上一股奇妙的喜悅。

享受閱讀樂趣吧！

捉迷藏

CASHIER
收銀台後方的櫃子會放置客人預訂、訂購的商品。
不過即使好好擺放，偶爾還是會碰倒商品。
若急著拿出商品，櫃子裡的東西就會東倒西歪…
手忙腳亂…
讓您久等了—
因此當收銀台空閒時
四處張望
悄
我會檢查並整理後方的櫃子。
有時候
歡迎光臨！
驚!!
竄出
我會突然從收銀台下方冒出頭來，不小心把客人嚇一大跳…
驚嚇!!

剛好是客人視線的死角。

無名的工作

因為有客人來電詢問多本書籍的庫存狀況，因此我得確認後回電給客人。
確認這5本書的庫存…
好的、好的。

↑希望有空閒時間可以好好整理資訊

不過回電時，客人可能會碰巧沒接電話！
Oh…
對方說不定會在我離開後才回電…留張紙條讓其他人知道情況吧！
留一張任何人看了都知道意思的紙條！
終於完成
雖然花了不少時間總算完成了！
…而這時候對方就打來電話
嘟嚕嚕嚕
順利回覆客人的詢問★

常有的事（笑）

不知不覺間

15點 補貨

在收銀台…
請問這本書放在哪裡呢…？
在那邊，我帶您過去！
撞到
在辦公室…
哇…
勾到
塑膠繩
店長不好意思~好痛！
撞到
嗯—？
店長
每天在工作中的任何時候…
被雜誌割到手指
流血
呃！
都可能受傷或瘀青。

一定要帶OK繃…

教教我!!智慧貓頭鷹

陳列於書店的雜誌與書籍的秘密

原來是這樣!!

好像知道又不知道的書店解說專欄!!

陳列在書店中的雜誌與書籍是在較為特殊的制度下流通的……你可以說明這個制度的內容嗎？

當然！畢竟是我每天的工作……就是……也就是說那個……

支支吾吾……
眼神飄忽……

真是的……其實陳列在書店的雜誌與書籍，都算是從出版社借來的商品……

唉

委託販售制度

委託販售制度從明治時代後半開始實行至今。在此制度下，出版社會將新書交由經銷商託管，再由經銷商交給書店進行販售。書店可以將銷售狀況不佳的商品退回去，然後將熱銷商品進貨，藉此維持書籍種類的多樣性，又不會造成庫存過剩。

雖然說是「進貨」，但實際上是從出版社借書的狀態。

部分出版社也實行「買斷制度」。這種就不是借入書籍而是真的買進書籍，不過當然無法退書給出版社。

月夜出版
出版社
書店
請多指教!!
麻煩你交給讀者。
由我保管書籍並進行販售。

另外還有一個制度規定不能進行減價販售。

再販售價格維持制度（再販制度）

這個制度規定基於出版社與經銷商之間、經銷商與書店間的契約，出版社可以強制經銷商與書店以出版社所設定的售價販賣書籍。也因為這個制度，全國各地所有書店才會以相同的定價販賣新書。

由於明治時代允許書籍進行減價販售，所以引發了削價競爭等亂象，造成業界陷入嚴重混亂。為了避免重蹈覆轍，政府才擬定了這個制度。

難怪日本的書店沒有雜誌、書籍大拍賣這類的活動……

※但是也有與此相反的制度！會在第118頁介紹！

為何採用委託販售的形式？

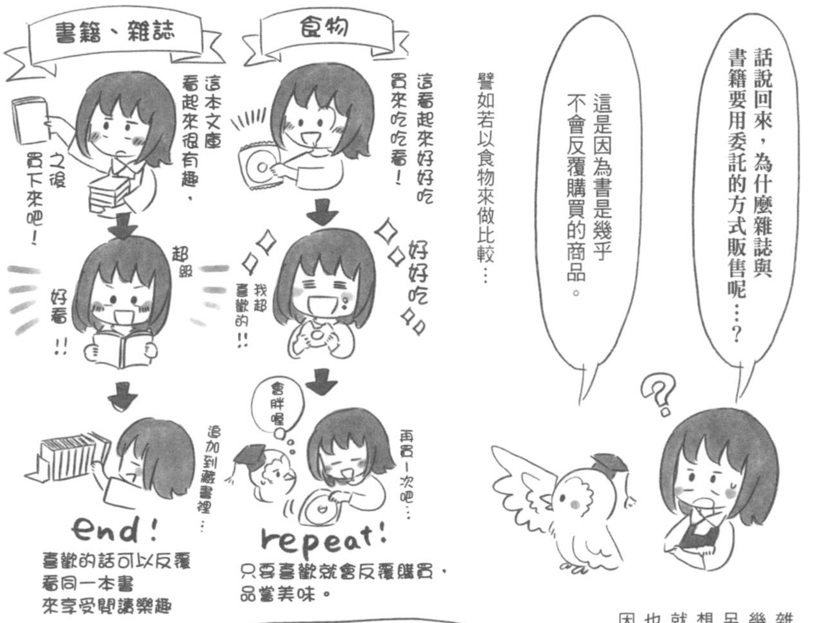
話說回來，為什麼雜誌與書籍要用委託的方式販售呢……？
這是因為書是幾乎不會反覆購買的商品。
譬如若以食物來做比較……
食物
這看起來好好吃 買來吃吃看！
好好吃
我超喜歡的!!
會胖喔
再買一次吧……
repeat!
只要喜歡就會反覆購買，品嘗美味。
書籍、雜誌
這本文庫看起來很有趣，之後買下來吧！
超級好看!!
追加到藏書裡……
end!
喜歡的話可以反覆看同一本書來享受閱讀樂趣

雜誌或書籍只要買1次就能反覆閱讀，幾乎不會再買同一件商品。另外，除了人氣作家的作品之外，想預估銷量是相當困難的事；就算以為會大賣而進貨，也常常有賣不完的情況，因此這個制度才得到了支持。

像這種例子果然還是很少嗎……
傳教用
這本超得我心!! 再買一本來傳教吧!!
哭泣
太讚啦～
傳教用
收藏用 再買一本來收藏吧
簡直就像貴族的買法呢……
呵…

話雖如此，如果同一本雜誌或書籍想要買很多本，恐怕會在結帳時就被阻攔下來，還請各位注意！
有時候書櫃上的插牌會標明書籍的限購數量。
1人限購1本
附錄是超人氣化妝品雜誌或MOOK…傑尼斯藝人的雜誌封面…親筆簽名書等等…
愈是受歡迎的雜誌或書籍愈難以追加補貨…為了讓更多的讀者可以買到書，有時候書店會限制購買數量。

查詢機（1）

在本店想要找尋書籍時，除了可以詢問店員…
客人也可自行使用查詢機查詢書籍位置。
歡迎使用
查詢機
查
詢
只要輸入書名等資訊，就會跳出庫存狀況，
再到所擺放的書櫃就能找到需要的書籍。
找到了
還是找不到的話…請詢問我們（淚）
不過店員有時候不會發現紙捲已經用完了，
咦，紙捲用光了？
無紙捲
如果在這個時候更換紙捲…
喀唰
下次再用吧。
就會印出數量驚人的查詢券（笑）
嗶嗶嗶嗶嗶嗶～
停不下來！
無紙捲
查詢完卻沒能印出來的資料。

真的很感謝會特意告訴我們沒紙捲的客人！

查詢機（2）

用查詢機輸入想找尋的書籍後…
書名
書號
出版
作者
庫存
若有庫存會顯示書櫃位置，若無庫存則會顯示「沒有庫存」。
沒有庫存時客人往往會這麼說…
這本缺貨對吧…可以幫我把這張紙丟掉嗎？
不過當時的前輩…
雖然本店沒有庫存，不過還是可以拿這張查詢券前往其他書店詢問，您不妨收著就好…
啊—原來如此 那我帶著吧～
恍然大悟
這樣回覆客人，讓我覺得很感動…
所以現在我也學他這麼做。
抱歉本店沒有庫存了…
去其他書店詢問時可以使用，還請您帶著…
懂了。

同樣都是書店，彼此互相幫助吧～

各自的內情

不好意思，請問一下～
是，歡迎光臨。
我喜歡的類別找不到了…請問調到其他書架了嗎？
之前的書架上還有更多本的說…
調書架時因為銷售狀況不佳所以減量的類別…
雖說書店應該要湊齊各式各樣的書來滿足客人需求…
客人的立場
我喜歡這櫃書！光是看就很療癒！
然而，若某些類別賣太差，就會換成更適合書店客群的書。
書店店員的立場
這櫃書不太好賣，減少一些書吧…
這類書不論哪裡的書店都不太會放，如果不知道裡面內容我也買不下手…
在網路上買也失敗過幾次…
嗯～…
我深切了解客人的心情。

因為我也有類似經驗…

真令人無奈…

條碼的秘密

15點 補貨

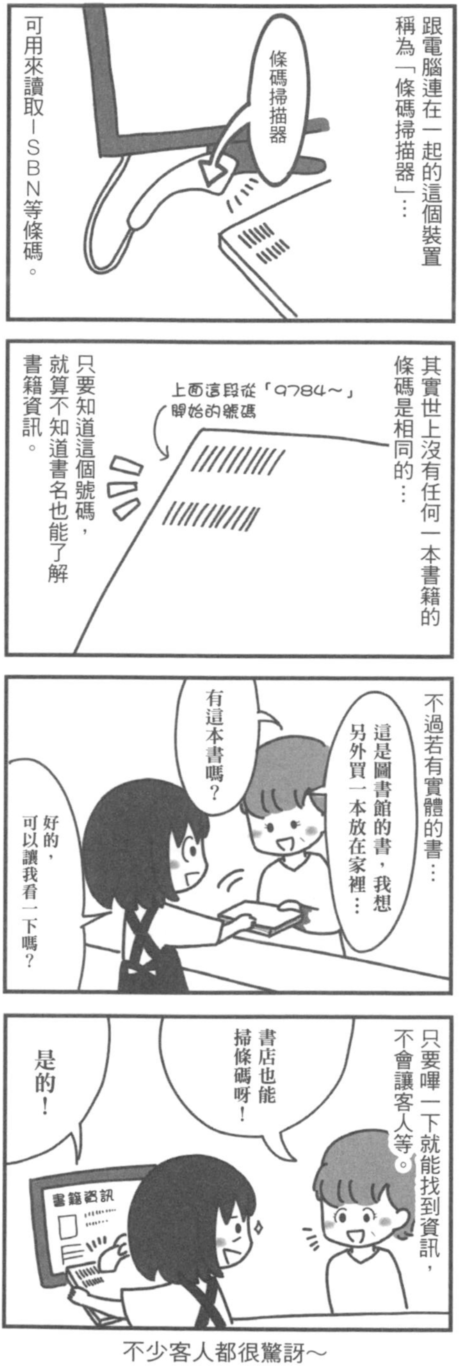

跟電腦連在一起的這個裝置稱為「條碼掃描器」…
條碼掃描器
可用來讀取ISBN等條碼。
其實世上沒有任何一本書籍的條碼是相同的…
上面這段從「9784～」開始的號碼
只要知道這個號碼，就算不知道書名也能了解書籍資訊。
不過若有實體的書…
這是圖書館的書，我想另外買一本放在家裡…
有這本書嗎？
好的，可以讓我看一下嗎？
只要嗶一下就能找到資訊，不會讓客人等。
書店也能掃條碼呀！
是的！
書籍資訊

※參照第66頁

不少客人都很驚訝～

立體感的背後

與其讓商品平躺在展示區域…
像這樣排成立體的更吸引客人！
OX書展
OX書展
很容易留意到
也因此常爭搶展示架（笑）
原本放這裡的展示架跑去哪裡了？
現在文具區在用。
這下怎麼辦…
用多餘的棚板疊高看看？
也拿紙箱來用吧？
好方法！
因此我會收集沒在用的東西，
先用膠帶黏起來、下面用紙箱墊高做成平台!!
嗯嗯
貼
貼
組裝成立體的展示架（笑）

每天都是文化祭☆

還沒完全成為大人

改變賣場陳列，上架新書…
哇～這個研究套組好像很有趣!!
該怎麼放…
總算完成了！
享受吧!! 暑假!!
登——!!
看著以兒童為客群的書展，總會讓人感到開心雀躍呢。
或許就算長大了，我還是童心未泯吧…
而且說不定…
感覺剛下班的上班族
其他的客人也跟我一樣！

當然可能只是在看要送給家中小朋友的東西啦…（笑）

那本書

啊啊啊啊——!
忽然
平堆擺放的書賣光了!
哇,好開心!
迅速!!
我要趕緊下訂
呃…
………
忘記書名了!
僵住
封面倒是記得很清楚!

最後總算記起來了…

不能鬆懈

在收銀台裡面時…
1:想把訂購商品放進櫃子裡。
A、I、U、O…
(參照第32頁)
現在負責收銀的店員
會需要處理四面八方的工作。
2:在收銀台旁比較方便搭話,偶而會有客人詢問書。
3:電話打來要接。
4:負責收銀的人太忙時要支援。
所以腦袋往往處在緊張狀態!
這裡可以結帳喔—
腦袋快要過熱…
想變成千手觀音。
無所畏懼!!
快速剝落
結束所有工作離開收銀台時…
有沒有還沒做的…?
OK…再見了收銀!
呼

然後繼續去補書!

如神般的展示架

本店使用的展示架，
塑膠製
紙製
堅固!!
有以上這2種。
紙製的送來時還是扁平的，
要在店裡組裝…
新的展示架送來了，可以請你組裝起來嗎？
好—
咦？這個…
好薄!!
展示架
店長
設計這個的人是天才吧…!?
把平面組裝起來就變立體了…!?
因為太有趣了會組裝到沉迷其中♡
（很愛做美勞）
興奮期待
…每次都會興奮不已地組裝到完成。
至今為止組裝過最好玩的是文具用的紙製展示架…
哇，上下合體了！
好帥
咦～！這個變成抽屜了！
還幫我們考量到庫存管理，廠商是神嗎…？

超愛展示架♡

就算買第1集

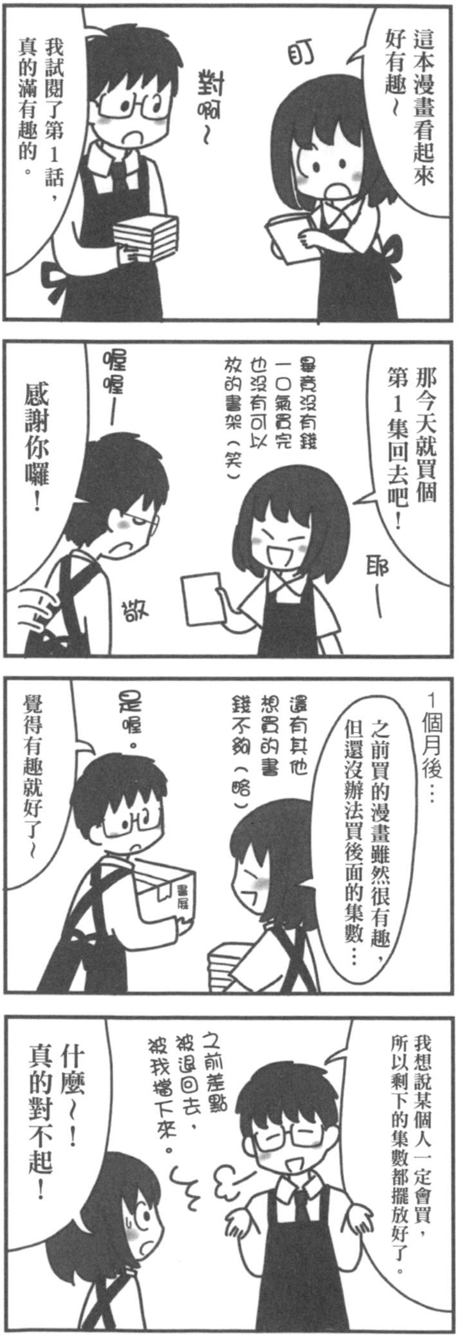
這本漫畫看起來好有趣～
盯
對啊～
我試閱了第1話，真的滿有趣的。
那今天就買個第1集回去吧！
畢竟沒有錢一口氣買完也沒有可以放的書架（笑）
耶—
喔喔—
感謝你囉！
敬
1個月後…
之前買的漫畫雖然很有趣，但還沒辦法買後面的集數…
還有其他想買的書錢不夠（略）
是喔。
覺得有趣就好了～
我想說某個人一定會買，所以剩下的集數都擺放好了。
之前差點被退回去，被我擋下來。
什麼～！真的對不起！

書櫃私有化…

各自的文化

我是在以前工作的書店歇業後，才轉進現在的書店的…。
譬如寫給客人的出貨單…
以前的書店會用電腦管理
出貨單
印出來再給客人～
現在的書店則要填寫紙本
夾在檔案夾中管理！
可是組織不同，當然工作方式就會產生差異。
陳列方法也略有不同，到現在我還是常感到疑惑（汗）。
奇怪？
是這樣擺嗎…
好像很厲害的暢銷書
不過這些規定其實還好…
真正偶有摩擦的是那些沒有特別規定的事情…
鬥
戰
啊？想吵架嗎？
發火
我沒這樣擺過書！
在之前的書店都要這樣擺！
同是從其他書店來的人，有時候就會發生文化衝突…！
書會燒起來↑
但…
嘿—！
這邊能這樣擺啊，我完全沒想過…
我想說這樣擺客人比較容易看清楚…
好厲害！
之前的書店也是這樣—…
這樣也常有全新的發現，相當有趣。

認同彼此的文化是好事～！

物以類聚

說起來現在的書店…
呼— 剛剛好忙喔
真的—…
哈哈…
有2位以前跟我在另一間書店一起工作關係不錯的同事，也在這裡工作。
其中一人碰巧在研修時再次相遇…
今川！！
哇— 好高興喔
再一起加油吧！
我果然還是想在書店工作…現在那邊有在徵人嗎？
店長—！！
有人應徵～
另一人湊巧在書店徵才時跟我聯絡，經面試後錄取。
店長
跟我一起負責同一個類別的同事…
原本是在另一間書店工作的資深書店店員！
因為很擅長做展示區，所以被叫作「建設大臣」。
而我自己則是第2次在書店工作。
雖然是個空有年資，知識掛零的書店店員…
說不定成為書店店員是命中註定的…

出版社似乎也是這樣～

教教我!!智慧貓頭鷹
什麼是折扣書？
原來是這樣!!
好像知道又不知道的書店解說專欄!!
我們在前面第110頁學到了「再販售價格維持制度」…那麼，店員小姐「折扣書」（Bargain Book）是什麼呢？
折扣書
我有看過！是什麼意思呢？
這些折扣書會被當作所謂的非再販書，因此就算減價出售也沒有問題。
非再販書？那又是什麼？
非再販制度
基於出版社的意向，可自由設定書籍價格，無須依循再販制度的一種制度。在這種制度下販售的書稱為非再販書。
（再販＝再次發行已出版書籍）
再販可分為一開始發售時就沒有設定定價的「部分再販」以及作為再販書販售後可自由設定價格的「時限再販」這2種！
折扣書指的就是批發商以出清價收購非再販書後，重新設定價格並販售的書籍。
原來再販制度不是固定的，可以做變更啊…
作為折扣書販售的書跟二手書有什麼不一樣嗎？
只要是從未被消費者購買過的雜誌或書，即便自出版之後已經過了一段時間變舊了，也還是會當作新書販售，而非二手書！在某個人購買前，這些書都算是新書喔！

書籍的裝訂

嗯——
店員小姐，怎麼了嗎？
雜誌跟書籍都統稱叫書，但形式不太一樣沒錯吧？雖然有點晚了，但我開始好奇雜誌跟書籍到底是怎麼做出來的……
Ho～！那就告訴你書店裡雜誌與書籍是怎麼裝訂的吧！

雜誌的裝訂

騎馬釘
封面與內頁疊在一起，並用書釘固定起來的裝訂方式。
特徵是書背很尖。
適合用在頁數少的書本。

正中間有書釘!!
翻開後
週刊
早晨吃飯去
愈接近外層，書頁愈寬。
尖尖的
多用於週刊上
膠裝
書背部分用黏膠固定的裝訂方法，
不會用到書釘。
因為會在書背處做出切口再用黏膠黏起來，
所以不容易散開。
美好的生活
平坦
雖然多半用於月刊上，但書釘釘不了的超厚週刊也會採用膠裝。
也是這種裝訂。
奇怪？沒有書釘耶！
由於這裡是用黏膠黏住書頁，所以不需要用書釘！
文庫本或漫畫也會用這種裝訂方式

膠裝
漫畫
騎馬釘
膠裝
英語講座
ABC
MAGAMAGA
即使厚度或紙張材質不同，但雜誌通常就使用這2種裝訂！
哇——真的耶！
好有趣
各位不妨看看自己手上的雜誌！

書籍的裝訂

精裝
精裝指的是先做好內頁後，再用封面包起來的一種裝訂方式！
書背會用穿線、黏膠等方式加強牢固。

Ho
Ho
雖然常有人誤解只有封面為硬皮的書才算是精裝書，但只要裝訂步驟相同，採用軟皮當作封面的也是精裝書。

平裝
用膠裝、騎馬釘等方式裝訂的書籍統稱為平裝書。
與精裝書不同，平裝書會先將封面包上去，再跟內頁一起裁斷。

書背用黏膠緊緊固定～

各式各樣令人心動不已的東西
杯墊
可替換的書套
紙卡
明信片
書籤
各種特典
文庫化!!
販售台
書展看板
書展用
POP廣告
夏季
文庫書展
怦然……

16點

結帳最講究速度！
～放學、下班的各位辛苦了～

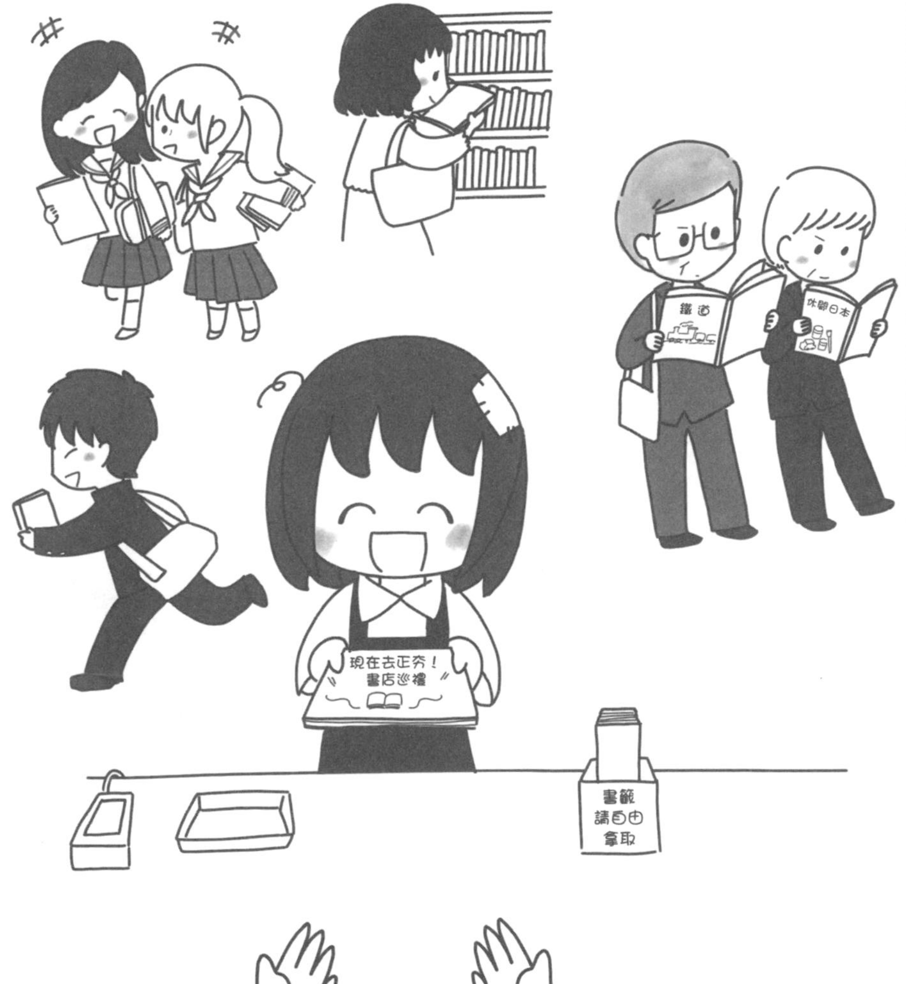

傳染病

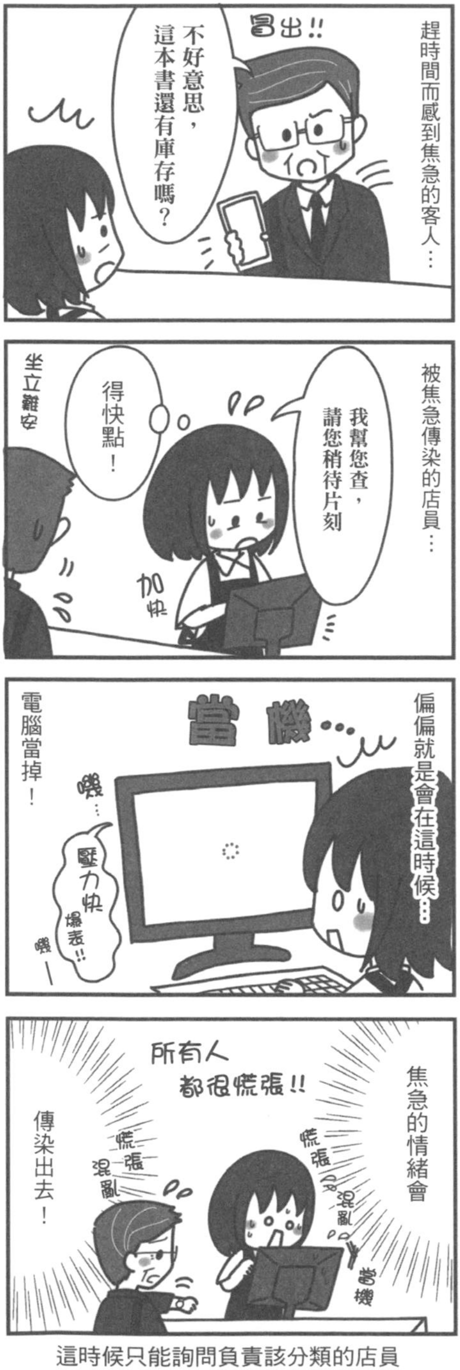

趕時間而感到焦急的客人…
冒出!!
不好意思，這本書還有庫存嗎？
被焦急傳染的店員…
我幫您查，請您稍待片刻
得快點！
坐立難安
加快
偏偏就是會在這時候…
當機…
電腦當掉！
嘰…
壓力快爆表!!
嘰—
焦急的情緒會傳染出去！
所有人都很慌張!!
慌張 混亂
慌張 混亂
當機

這時候只能詢問負責該分類的店員
或直接去書櫃看…！

收銀換班

本店的收銀是輪班制的！
來了~！換我站收銀！
快步
換人!!
再麻煩你了~！
今天收銀只要站30分…好短好讚！
昨天是2小時…！
握
站收銀的時間長短每天都不同。
由於我工作的書店在地點上會有很多趕時間的客人…
現代人大家都很忙!!
動作快速
謝謝~
謝謝光臨！
嗶嗶
圖書卡
因此結帳速度是關鍵。
不過偶爾也會變成店員的「療癒點」★
那個啊●●醬啊~！很喜歡●之美少女喔—
穿心!!!

簡直是能量點。

情緒起伏籤

16點 結帳最講究速度！

我要抽5次一番賞※！
5次對吧請～
啪哩…
啪哩…
啪哩…
5次…！
還滿貴的…
能抽到好獎就好了…！
哇—
全都是一般獎品…
這已經是最後1張了！
加油…!!!!
緊張
→抽到好獎
啪哩
啊！
哇—

不是抽獎人的店員也會像這樣很興奮…

※一番賞…每抽必定有獎的抽獎商品，不過愈高級的獎品就愈難抽中。有些書店並未販賣一番賞。

幸福的重量

如果說我願意…
如果向他求婚…
就看Ze●y！
我幫您結帳～
希望大家購買這本書時…
謝謝光臨♡
給我拿～
我拿就好啦～
2個人一起來本店購買。
好重！
塑膠袋吃進手裡了…
就說我拿啦！
沉重

夫妻首次分工合作從這裡開始…？

新書一覽表

站收銀中…
看看新書※一覽表，確認新書發售日期吧…
翻閱
那部人氣作品要推出新書了嗎—
喔喔
先記起來吧，感覺會有很多人問…嗯？
當書店店員的好處…
凝視
專注
就是不管做什麼，看起來都像在工作。
奸笑…
太～棒～了～！下個月那部作品會出，這部作品也會出，什麼…連那部作品都會出嗎！
漫畫新書
一覽

※新書一覽表＝將新書發售日期整理成表格的一覽表

濫用職權☆

反覆橫跳

站收銀中。
驚覺
現在！
若有點空閒時間…
悠哉～
就會移動到旁邊…
唰唰唰唰唰
用電腦下訂書籍。
殘影↑
查詢其他店鋪的排行榜或自家書店的銷量等資料後…
剛剛看到那本平堆的書有稍微少了一些…
下訂！
…之前
唰唰唰唰
驚
我幫您結帳！
通常就會先回到收銀台（笑）

積少成多就能下訂成功☆

瞬移

用收銀台的電腦工作中…
啊，先把這份一覽表印出來吧…
喀嗒
嗯…？
安——靜
沒出來…
喀嗒喀嗒
再列印一次…
印表機
印不出來…？列印佇列裡面也沒有檔案
驚覺
該不會！
飛奔～
你用辦公室的印表機列的嗎？
同一份文件列印了好多張…
一疊
糟糕！搞錯設定了！
啊…真的。

真的慌了…

再刷問題

隨著社群網站興起，出現愈來愈多像這樣的詢問。
我想預訂這本雜誌的再刷…
男性偶像為封面的人氣期數
愣住
所謂再刷…指的是出版社印製的雜誌或書籍沒有庫存後，再次進行印刷的意思。
沒買到—
好想要!!
沒了
光預訂份就賣光了！
沒了
出版社
我知道了，那就再刷吧!!
好想要卻沒有!!
再刷
出版社
Happiness
而且再刷的商品是否能進貨還必須先向出版社或經銷商進行確認！
理想
顧客想要訂購再刷份對嗎～收到了～
鬆口氣
有點緊張不安
由於出版社沒辦法決定數量，請向經銷商確認。
就算今天有貨…
我們收到了!!
鬆口氣
太好了！
有時也會變成隔天就缺貨的情況…
沒有再刷份的庫存了。
太有人氣真是不好意思…
嗚!?
因為若書店無法拿到貨會造成客人的麻煩…
若我們調得到貨我們會再通知您，這樣可以嗎？
小心翼翼
好的。
所以在這件事上我們會非常謹慎，還請大家多多包涵。

請過了一段時間後再來店詢問…

理由（1）

在收銀…
瞄
2件商品總共是●●●圓。
我們會確認客人購買的漫畫書背…
惱
謝謝光臨！
唉…店員一直盯著漫畫書名，感覺有點討厭啊～
…若您感到不愉快，真的很抱歉。
其實…我們是在看出版社名字
瞄
這本漫畫是▲▲出版社…OK，沒有特典！
確認有沒有什麼特典可以贈送給客人。
惱
↑有時購買特定出版社的書籍或特定作品會贈送特典
不過偶爾…
死盯
嗚喔!!
這本漫畫是今天發售!? 我也要買!!
也真的會像這樣盯著看啦…
惱

畢竟喜歡同一部作品，有時候也會想跟客人聊天…

理由（2）

請問「●●●」這部作品還有庫存嗎？
我幫您查詢，請您稍等一下。
這位店員好像查得有點慢…
喀嗒喀嗒…
鬱悶
…若您像這樣感到焦急，真的非常抱歉。
若是書籍缺貨，在告訴客人這件事之前…
我們店裡沒有庫存了…
附近的書店有嗎？
倉庫有嗎？
我們會需要事先查詢好其他庫存資訊，再將資訊報告給客人。
這是為了在之後客人詢問時能夠流暢應對！
不過偶爾…
想找的書找不到！
書名搞錯了？
已經問過客人一次了，實在沒辦法再問一次…
還是會發生這種事…

視情況原因很多啦…

16點 結帳最講究速度！

治癒人心的柴犬

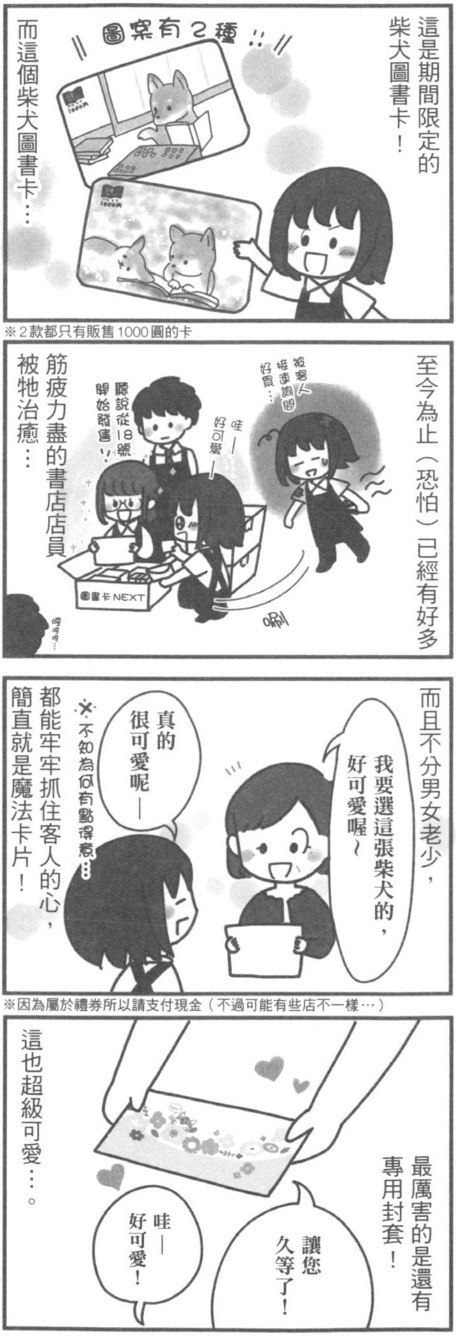

這是期間限定的柴犬圖書卡！
圖案有2種！！
而這個柴犬圖書卡…
至今為止（恐怕）已經有好多
被客人接連詢問好累…
哇—好可愛—
聽說從18號開始發售！
筋疲力盡的書店店員被牠治癒…
唰
而且不分男女老少，
我要選這張柴犬的，好可愛喔～
真的很可愛呢—
※不知為何有點得意…
都能牢牢抓住客人的心，簡直就是魔法卡片！
最厲害的是還有專用封套！
讓您久等了！
哇—好可愛！
這也超級可愛…。

※2款都只有販售1000圓的卡

※因為屬於禮券所以請支付現金（不過可能有些店不一樣…）

要注意部分書店並沒有販售喔！

死角

收銀台前面有一塊…
手提物品置物架！
置物架剛好位在從收銀台裡面看不見的死角，因此店員往往不會發現客人忘記帶走的物品…。
啊 他忘了…
雨天常有雨傘被忘在這裡…
不過…
!!
歡迎光臨～
不好意思，你忘記雨傘了！
咦!?
前一位客人忘記帶走→
會有客人像這樣幫我們注意其他客人的遺失物，
感謝您～～～（真的…）
麻煩你結帳～
不只是忘了帶走的客人，店員真的也得到很大的幫助。

※雖然每次都檢查就好，但實在沒有空…

非常謝謝各位！

教教我!!智慧貓頭鷹
原來是這樣!!
好像知道又不知道的書店解說專欄!!
關於退貨
因為書店每天都會進大量的書籍跟雜誌，因此多餘的書必須退回去…
雖然於心不安，但仍是必要的工作…
嘿
辛苦了！是說…你在退貨嗎？
商品的委託期限確認過了嗎？
委託期限…是什麼來著？
書籍或雜誌會規定委託期限…也就是「可以退貨的期限」，一旦過了期限就不能再退回去了。
以書籍來說
自發售後105日
以雜誌來說
週刊誌…60日
月刊誌…60日
隔月刊誌…90日
原來不同類型的雜誌委託期限也不一樣啊…！
週刊漫畫
※漫畫雜誌、MOOK沒有退貨期限
如110頁專欄所述，買斷的商品當然不能退貨。退貨時務必小心不要混在一起了！
買斷商品要決定進貨數量時總是非常猶豫…
賣不掉就表示會一直存放在店裡造成庫存風險…但庫存不夠又會讓客人失望…
如何!!?!!
猶豫…
順帶一提超過委託期限的商品，或將買斷商品不小心退回去的時候，就會像107頁的四格漫畫那樣被再次送回來（回送）…。
承認錯誤，溫暖迎接它們吧♡
唉…
回送

就算說不能退貨

但其實有些出版社會當作個案，根據具體情況允許書店退書回去。

想請您同意退書…
我知道了
可以請問您書名與數量嗎？
《今天也餓餓》，2本。
那麼請用我的名字標上「○○同意」再寄回來—
非常謝謝您
今後還請您多多關照了！
在退貨申請書上填寫對方負責人員的名字、出版社、書號、書名以及數量等等，最後再附在書本上。
夾進去。
包含本店資訊
用橡皮筋綁起來。
退貨同意書
嗶—
若用傳真…在退貨同意書上填寫出版社、書號、書名與數量並用傳真傳回去。
若日後得到對方回覆同意，即可附在書本中退回去。

退回買斷品

雖然基本上規定買斷品是無法退貨的，但部分出版社會通融，只要下訂跟想退的書差不多金額的商品，那麼就願意接受退貨。

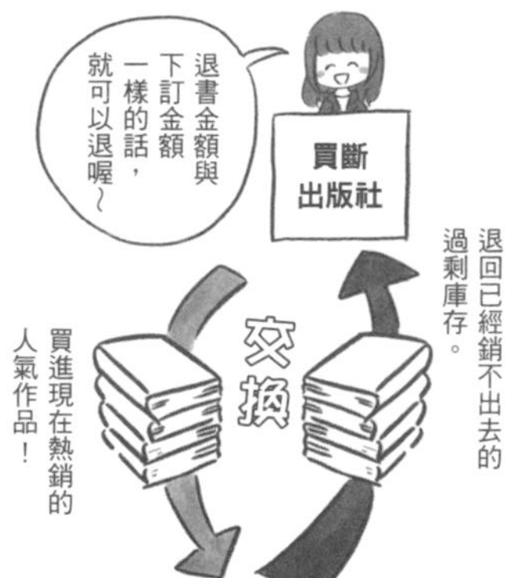
退書金額與下訂金額一樣的話，就可以退喔～
買斷出版社
退回已經銷不出去的過剩庫存。
交換
買進現在熱銷的人氣作品！

庫存過剩…庫存遠比賣出去的數量還多的意思。

退回去的雜誌與書籍如何處置？

雜誌
會當作舊刊的庫存送回出版社，不過有些出版社無法保管庫存書，這時就會當作廢紙送去造紙廠回收。

書籍
有些書籍經過重新包上書衣等各種處理後會再次出貨，送往書店繼續販售。

神啊～～
若各位希望購買雜誌舊刊，還請盡早洽詢我們！
愈舊的雜誌愈難以入手…

健忘

操作收銀機前首先要讀取自己的條碼，
掛在脖子上←
嗶
歡迎光臨ー
將收銀機解鎖後才能結帳。
然而…
我去回覆客人詢問，麻煩你結帳了…
你請～
先嗶個條碼方便等一下結帳吧…
啊。
沒有
明明在收銀台
卻沒辦法結帳!!!

常常忘在員工置物櫃或辦公室…

召喚魔法（2）

謝謝光臨～
喧嘩
吵鬧
哇!!
只不過移開視線一下子就多了好多客人～！
這次真的要召喚！
叮ー
叮ー
叮ー
鬆口氣…
太好了ー
麻煩你幫等待的客人結帳。
了解。
下一位要結帳的客…
暫停結帳
人…？
接近
吵鬧吵鬧
我要結帳。
原來都是陪逛的…

搞錯了！（有些丟臉…）

16點 結帳最講究速度！

好在意旁邊

歡迎光臨～
我幫您結帳
好的！還請您稍待片刻。
我是訂了那件商品的●●！
哎！隔壁是我剛剛接到電話的客人…
是用●●PAY支付對嗎～
正在尋找保管櫃裡客人訂購的東西
翻找
嗶嗶嗶
收您剛好…
謝謝您。
奇怪？找不到嗎…？該不會是我…放錯位置了…？
翻找
讓您久等了，謝謝光臨♡
有找到真是太好了～
不好意思，讓您久等了ー
就是這個。

呼——

深藏內心話

哇——結帳好忙…
下一位客人請！
靠近
歡迎光臨，我幫您結帳…
啊啊啊——我好喜歡這本書！好好喔，他接下來會讀這本書嗎…
↑ ISBN:9784122051980
好想跟他說「我也喜歡這本書，很有趣喔！祝你閱讀愉快」不過「我也」這個說法對還沒看這本書的客人來說適當嗎…？對方被這麼說應該會很困惑吧…就像有時候會聽到別人說…常去的咖啡廳的店員要是說「一直以來謝謝您了」會覺得有些不舒服就不再光顧了…可是我的意思不是「我記住您囉！」所以應該沒關係吧？但說不定也有些人覺得買個書而已，就讓我安靜地買吧…是說後面排了好多客人!!
0.5秒的思考↑
在自己心中搭話就好…
謝謝光臨…
走掉
這種糾結的心情滿常發生的。

簡單來說就是隻弱雞。

咕咕

假裝

有昨天報紙介紹的這本書嗎？
剪報
好的，我幫您查詢看看，請您稍等。
借我看一下。
因為是新書，說不定賣太好而沒貨呢～
不…這本書半年前就出版了。
咦?!
…像這種情況很常發生呢。
的確是這樣。
只要打廣告，就算是早就出版的書也會被當成是新書呢。
另外還有「累計●萬本！」其實也不是真的賣出去的量…
累計突破○萬本!!
你會因為這個故事露出溫暖的微笑……!!
什麼?!
竟然是這樣!?
我都不知道……

日語真難。

即使店家不同

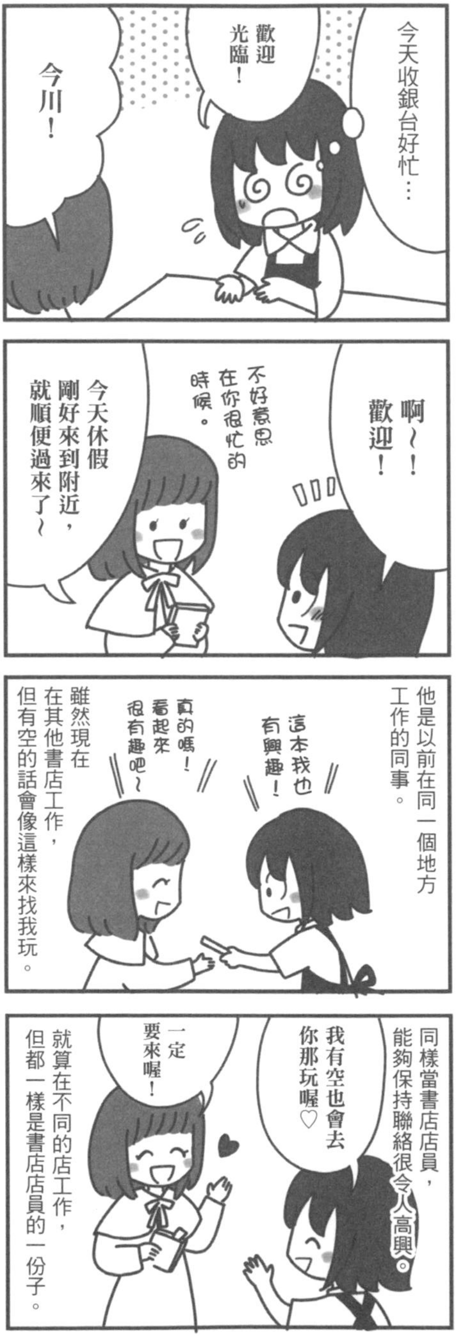
今天收銀台好忙…
歡迎光臨！
今川！
啊～！歡迎！
不好意思在你很忙的時候。
今天休假剛好來到附近，就順便過來了～
他是以前在同一個地方工作的同事。
這本我也有興趣！
真的嗎！看起來很有趣吧～
雖然現在在其他書店工作，但有空的話會像這樣來找我玩。
同樣當書店店員，能夠保持聯絡很令人高興。
我有空也會去你那玩喔♡
一定要來喔！
就算在不同的店工作，但都一樣是書店店員的一份子。

補充能量了♡

分身（1）

正在拆封昨天早上的雜誌…
奇怪？這本女性時尚雜誌出了2種！
!?
明明是同一本雜誌 但封面與附錄不同。
的確。
kongetsu-mo
kongetsu-mo
現在愈來愈多每月發售的雜誌，除了一般的「普通版」之外，
還會同時發售「特別版」、「封面特別版」等其他版本。
普通版
特別版
封面特別版
這是封面特別版的封面特別版？
封面特別版有2種…
封面2位模特兒的組合不一樣。
那本雜誌本月共出了3個版本…
封面特別版Ⓐ
封面特別版Ⓑ
普通版
而這本…除了2種封面特別版還有增刊號？
增刊（無附錄）
封面特別版①有附錄
封面特別版②有附錄
那本雜誌本月共出了4個版本…
頭昏～
普通版
完全搞不清楚了…

分身（2）

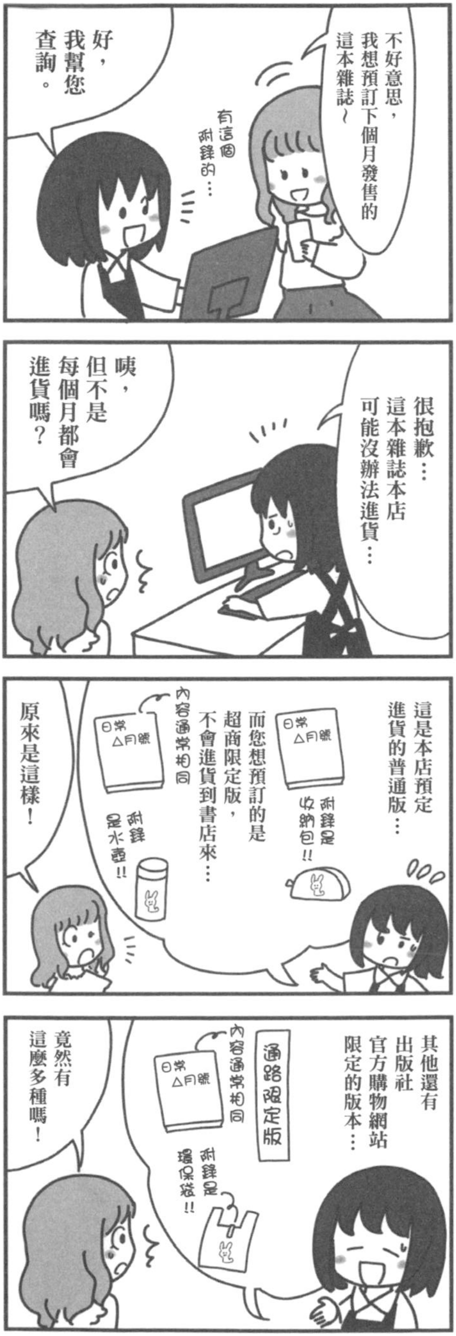
不好意思，我想預訂下個月發售的這本雜誌～
有這個附錄的…
好，我幫您查詢。
很抱歉…這本雜誌本店可能沒辦法進貨…
咦，但不是每個月都會進貨嗎？
這是本店預定進貨的普通版…
日常 △月號
附錄是收納包!!
而您想預訂的是超商限定版，不會進貨到書店來…
內容通常相同
日常 △月號
附錄是水壺!!
原來是這樣！
其他還有出版社官方購物網站限定的版本…
通路限定版
內容通常相同
日常 △月號
附錄是環保袋!!
竟然有這麼多種嗎！
所有附錄都不一樣☆

16點 結帳最講究速度！

幾乎每天都有的詢問

請問有今天發售的這本書嗎？
這本
不好意思，岡山要後天才會到貨…
什麼！為什麼沒有？你看網路上寫…
「發售日」是以東京為標準的…
由於大都從東京出貨，因此出版品到達其他地區需要一段時間…
岡山遲2天發售
發售日
啊～原來是這麼回事…
可是…少年漫畫的週刊不是跟東京一樣時間發售嗎？
像那本週一發售的…
啊～…
其實…不同的書進貨日期也不一樣…
呃—
有些書可以跟東京在同一天發售，但也有些書要晚個1天、2天才會發售…
是這樣嗎？
隨著連假等情況還會有所變化…
所以請您之後再來詢問看看…
真的好可惜喔…
我會再來—
不好意思…
我很懂這心情…
生氣
因為你問的那本書…
也是我正在收集的作品啊！

地方民眾的宿命…

與右頁相同

網路上寫這本書今天發售，請問放在哪裡呢？
我從今天早上的報紙看到這本雜誌今天發售…
我就高興地跑來看了。
有這本書嗎？
住在大阪的朋友告訴我今天發售。
那本雜誌還有庫存嗎？
我現在正在出差…今天早上在東京站的書店看到的…

真的很不好意思（淚）

秘密好處

16點 結帳最講究速度！

雖說離都市較遠的地方進貨也比較慢…
岡山比發售日晚2天
是真的發售日
反正就是晚
可其實這對書店店員來說也不全是壞事。
這是因為…
嘿嘿嘿
可以先查看已經進貨的連鎖店初期的銷量如何！
這只是在下訂 只是在觀望情況…
此外，對特典贈送方式感到困惑時…
這本小冊子太厚了很難夾進去…
上面寫贈送方式交給店家決定…
雖然可以結帳時交給客人，但很怕忘記…
嗯
也可以用推特等社群網站參考其他店是怎麼贈送的。
哎～
這家是直接放在旁邊！
小聲…
那我們也放在書的旁邊，寫上「請自由拿取」好了！

將劣勢轉為優勢！

突發狀況★時空旅行

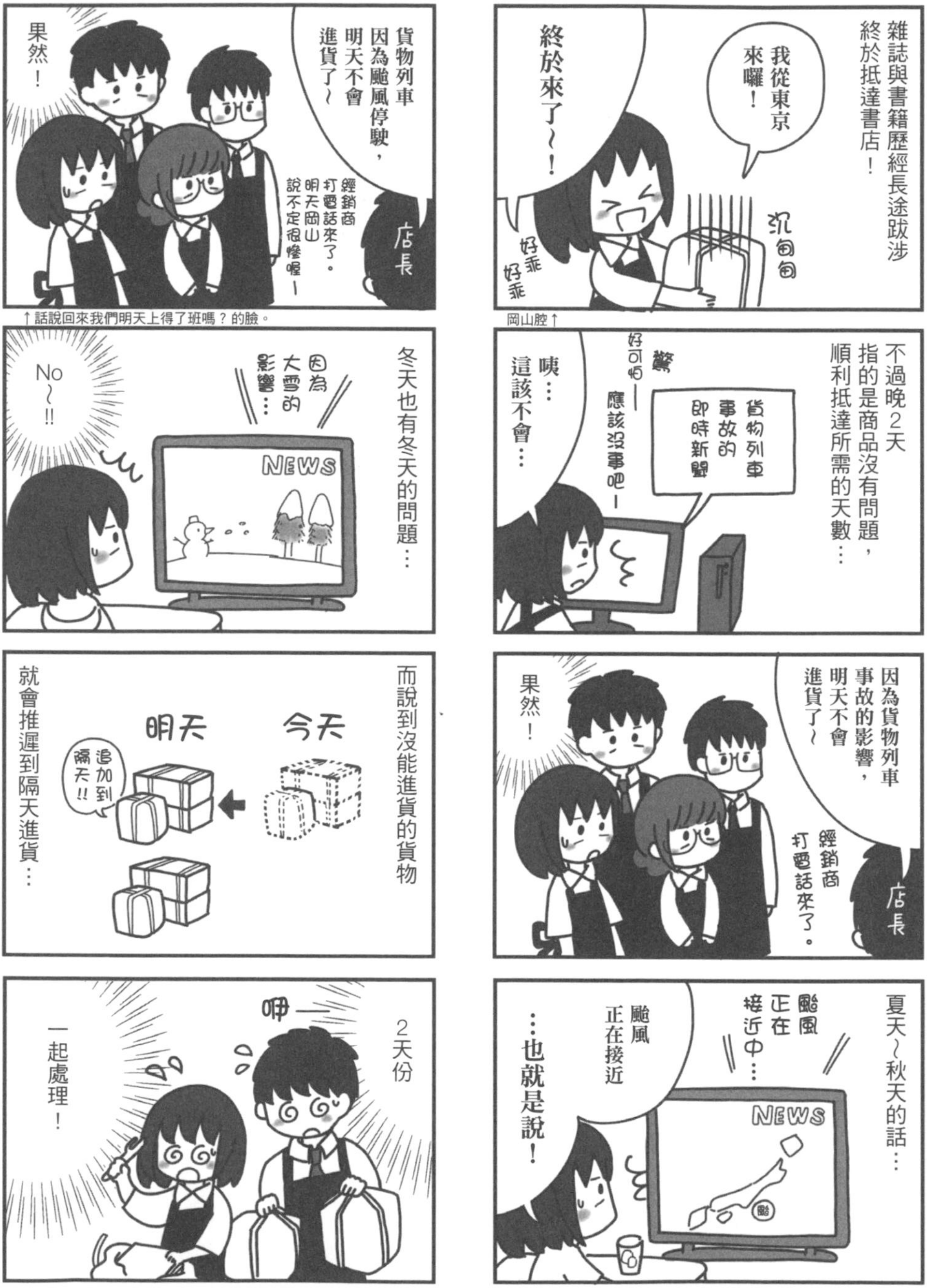

雜誌與書籍歷經長途跋涉終於抵達書店！
我從東京來囉！
終於來了～！
沉甸甸
好乖好乖
岡山腔↑
不過晚2天指的是商品沒有問題，順利抵達所需的天數…
貨物列車事故的即時新聞
驚
好可怕—應該沒事吧—
咦…這該不會…
因為貨物列車事故的影響，明天不會進貨了～
經銷商打電話來了。
店長
果然！
夏天～秋天的話…
颱風正在接近中…
NEWS
颱風正在接近
…也就是說！
貨物列車因為颱風停駛，明天不會進貨了～
經銷商打電話來了。明天岡山說不定很慘喔—
店長
果然！
↑話說回來我們明天上得了班嗎？的臉。
冬天也有冬天的問題…
因為大雪的影響…
NEWS
No～!!
而說到沒能進貨的貨物
今天
明天
追加到隔天!!
就會推遲到隔天進貨…
2天份
咿—
一起處理！

※晚來的那份跟當天本來的份加起來共2天份！

16點 結帳最講究速度！

仍有少年青春氣息的背影

想把書上架到那邊的書櫃…
客人…
反正也不急，等一下再放吧~
趁這個時間
確認出版社傳真。（堆成一座山）
呃
這份傳真…截止日期是昨天!!
做些其他工作…
1個小時後…
探頭
應該可以了吧？
人比剛剛
水泄不通…
鐵道・汽車・機車
還要多!!

早知道就先上架鐵道或汽機車雜誌。

身體很誠實

滿足你的心和胃
料理文庫
將料理主題的文庫本上架完了！
應該排得還不錯吧？
自賣自誇↑
飄過來
!?
收銀台→
走
咦，要結帳了？
為什麼這麼快就賣掉了？
黃昏時分…
咕嚕
大家的肚子都餓了。

食譜書專區也是一樣☆

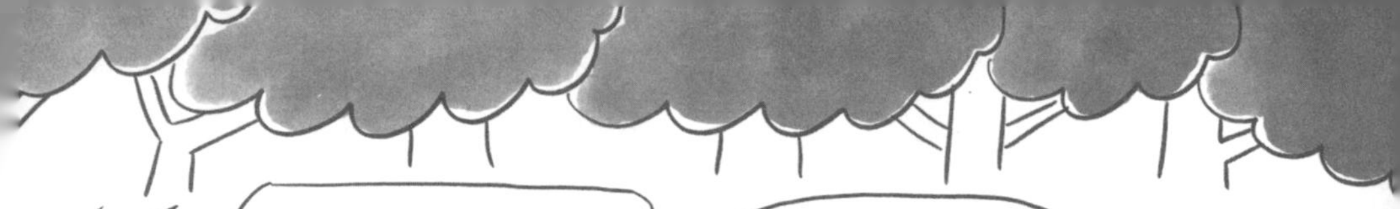

教教我!! 智慧貓頭鷹

為什麼有全國都能同一天發售的雜誌或書籍？

原來是這樣!!

好像知道又不知道的書店解說專欄!!

有些書或雜誌不會太晚進貨，可以全國同時發售對吧…譬如人氣漫畫作品都可以做到…

可是我不太知道這是怎麼運作的…這些書是怎麼做到的呢？

盯

東京跟岡山都是今天發售!?

為Ho如此？

如同前面所說的，書店離首都圈愈近進貨愈早，離愈遠則進貨愈晚…大部分的雜誌或書籍都需要像這樣花費一段時間才能送到各地的書店。

但這之中，其實有項可以統一全國發售日期的「發售協定」！

就是那個！「協定」！我曾經聽過這個詞…

發售協定有2種。

「東京出貨協定」

統一東京都內所有書店的到貨日，至於其他地區的書店則按照到貨時間依序開始發售。

這些出貨的商品中，有些已規定好書店能夠開始販售的日期，在書店內稱呼這些規定好日期的商品為「協定品」。

「協定品」由經銷商或出版社決定，若書店不遵守販售開始日期會受到懲罰。除了被出版社警告之外，嚴重的話還可能不再供貨給書店。雖然偷跑能讓讀者在發售日前拿到書，但對書店來說得不償失。

「裝貨」

先從距離東京較遠的地區開始出貨，並盡可能統一書店的到貨日。什麼書籍採用這種協定由日本出版經銷商協會設定。一般情況下書籍會一次全部出貨，不過若採用裝貨協定，則會將書籍分裝後依照地區遠近個別出貨。

有時候發售前的書籍會保管在辦公室後面。

明天發售嗎？

裝

紙箱上會標記「裝」，避免搞錯在書店上架的日期。

…地方民眾抱怨單元…

既然做得到全國同時發售，那一開始就讓全部書籍與雜誌都這麼做呀——

週末發售的漫畫雜誌還要等到隔週的週一才能看到，也為我們讀者的心情想想嘛～！

搖晃

嗯…

能夠成為協定品的只有非常少數的作品而已。

譬如人氣作家的作品，或是特定系列品牌才能這麼做。請各位將等待當作閱讀樂趣的一環吧。

★等書也是很開心的事——

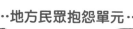

關於「發售日」
說到底！
明明叫作發售日！
雜誌跟書籍
卻沒在書店上架，
這不是很奇怪嗎？
這樣當然
客人會詢問啊！
發售日卻沒發售的話，
那發售日是
說假的嗎！
抱怨連連
軟～爛
啊…
開始鬧彆扭了…
報紙、雜誌或網路上標記的發售日
都是以東京為基準的。
實際的發售日之所以比較晚，
都是因為書本送到各地需要時間！
畢竟這是距離的問題，實在難以解決…
※參照第134頁四格漫畫
但這麼一來
旅行時也特別有樂趣喔！
都已經是大人了…別這樣…
旅行？
為什麼？
為啥？
住在各地的人
到首都圈旅行時，
若到書店看看
就能在原本的
發售日買到書，
令人加倍開心喔！
各位一定要去書店走走～
HO HO HO HO♪
啊～！
確實！
單純
猛然
順帶一提～
趁店員小姐心情好時，
再偷偷告訴各位另一個發售方式…
「搬入發售」
出版社將商品交付給
經銷商的那一天稱為「搬入日」，
而「搬入日」當天即可當作發售日。
但因為搬入後還要分裝出貨，
所以除了東京內的部分書店，
其他地方通常不會在搬入日就在書店上架。
即便實際上書店還沒進貨，
還是有客人會以為搬入日
就是新書發售日而跑到書店詢問，
因此要注意新書資訊中
有些時候不會寫「發售日」，
而是「搬入發售」。
正是因為情況複雜、容易令人混淆，
所以常常造成客人的困擾，真的非常抱歉…
我們非常了解大家
想趕快拿到雜誌或書籍的期待…
然而若大家能以
開闊的胸襟享受閱讀樂趣，
我想才是出版社持續出版雜誌、
書籍的原動力，
也才是我們書店能
繼續生存下去的後盾…
雖然感到很抱歉，
但還請各位諒解與包容。
鞠躬

如果書籍突然決定停止配送…
記得在客人詢問時告知對方。
雖然預定是明天到貨，但因為颱風的影響需要延期…
在社群網站告知書籍停止配送。
有書店自己的推特帳號
在書店內貼出告示。
○月×日 停止配送 通知
收銀台附近也要…
在進貨一覽表上更改日期。
因颱風影響明天不會到貨…
即使頭腦清楚知道，但有時候會因為習慣，不小心說出平時的進貨時間，因此要先做預防！

一

16點45分

來自書本的疲累靠書本緩解！
～目標是準時下班！～

關於退貨

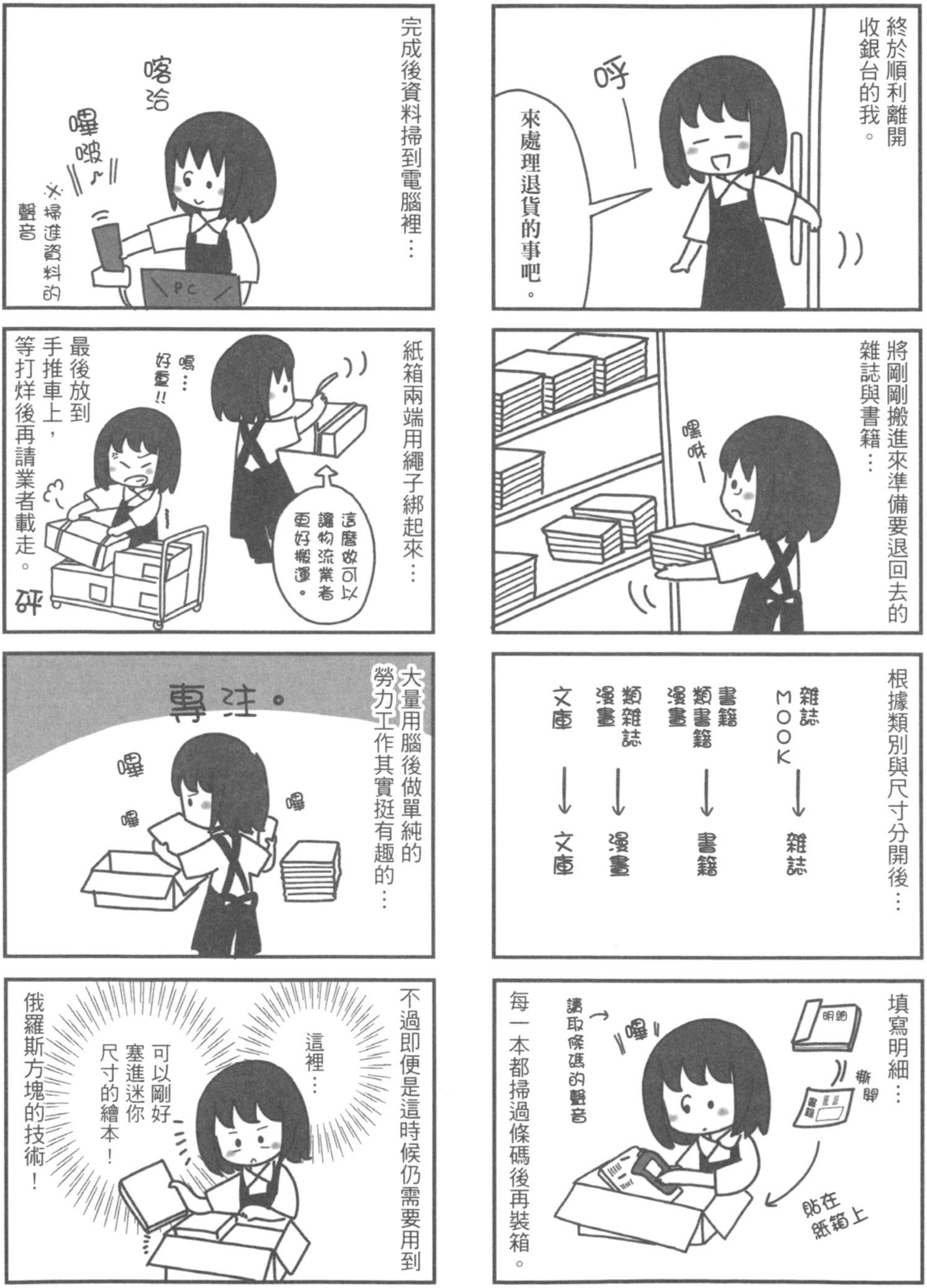
終於順利離開收銀台的我。
呼—
來處理退貨的事吧。
將剛剛搬進來準備要退回去的雜誌與書籍…
嘿咻—
根據類別與尺寸分開後…
雜誌 MOOK → 雜誌
書籍 類書籍 漫畫 → 書籍
類雜誌 漫畫 → 漫畫
文庫 → 文庫
填寫明細…
明細
撕開
書籍
貼在紙箱上
讀取條碼的聲音
嗶
每一本都掃過條碼後再裝箱。
完成後資料掃到電腦裡…
喀恰
嗶啵♪
※掃進資料的聲音
PC
紙箱兩端用繩子綁起來…
這麼做可以讓物流業者更好搬運。
嗚…好重!!
最後放到手推車上，等打烊後再請業者載走。
砰
大量用腦後做單純的勞力工作其實挺有趣的…
專注。
嗶
嗶
嗶
不過即便是這時候仍需要用到俄羅斯方塊的技術！
這裡…
可以剛好塞進迷你尺寸的繪本！

參照第48頁☆

全新風氣

16點45分　來自書本的疲累靠書本緩解！

平時被例行的工作追著跑，

不太有機會製作POP廣告等額外工作。

啊— 好想換掉這裡的書。

但現在沒時間，下次再慢慢做吧…
在此期間，打工的學生總是幫忙我們顧收銀台或各種後勤工作，支持著書店的營運。
只有退書或結帳時才摸得到書…
雖然很感謝他們，但想必會覺得工作內容跟進來前的想像差很多吧…
嗯…
很想告訴他們書本的樂趣，但我有什麼可以做的呢…畢竟是基層員工…
嗯，你平常會看什麼書呢？
喜歡哪種書？
唔
這個嘛…
↑不習慣跟年輕人聊天所以結結巴巴…
我很喜歡看理工書！
好意外!!
理工書!?
我完全不看理工書…有趣嗎…？
快看啊…
我們書店裡那櫃的書都非常有趣喔——!!
閃亮閃亮
說話時看起來很高興…
果然是因為喜歡書所以才來這打工的嘛！
如果…有興趣…
要不要寫看看那些書的POP廣告？
如果有空的話…
膽怯…
可以嗎!? 我一直都想寫看看POP廣告呢！
那就早點講嘛！
日後完成的廣告非常漂亮，馬上就裝飾在店面~
新發現 海中生物!!
好會做!!
很棒耶
有空的時候再做吧！
希望可以像這樣慢慢讓學生也感受到工作的樂趣…
在這之後我也受到年輕人的影響，
每天只做一點點也好…
跟烏龜走路一樣也罷…
不再將忙碌當作理由，重新開始製作POP廣告了。

職場總是需要全新的風氣！

高潮

運書車推回原處、
呼——
喀鏘
確認運書車上或店裡
有沒有忘記的東西、
東張
西望
常常忘記
回到辦公室把剩餘的傳真放進盒子裡。
豪邁
在考勤卡上打卡！
嗶嗶
上班
下班
↑為了應付加班政策，明天能做的事就明天再做是本店原則
順利
下班！

自己辛苦啦！

下班後

能準時下班的日子我都會誇獎自己⋯
得意⋯
哎呀——哈哈，我下班啦！
情緒HIGH起來了！就這樣回家有點無趣⋯去哪裡逛逛吧！
嗯⋯
去咖啡廳喝那個期間限定的拿鐵吧⋯
畢竟我有畫圖工具也有書⋯
超讚——
不不，去看化妝品也不錯⋯
眼影盤
眼線筆
也想看一下衣服 我最後一次買衣服是什麼時候了？
啊～還想看文具。
呼呼呼
但果然⋯來自書本的疲累靠書本緩解！
去那間書店吧！
晚霞書店
驚

工作後到其他書店上班☆

收納與退化的腦

16點45分　來自書本的疲累靠書本緩解！

書借來借去不只有趣，也能了解到更多作品。
你請～
謝謝你！
幾天後…
今天買的書真好看…
哈—
努力工作到下一集出來吧…
蓋起
那這本書該放哪呢…
環顧…
啊
很隨便
塞進這個空位吧♡
塞
又過了幾天…
謝謝你，我把書帶來還你了～
很好看呢～
啊
那個空位！

發生過好幾次…

欣喜

嘿嘿…今天也在中午休息時買書吧～！
嘿嘿嘿～
今川！這是之前你說想借來看的書！
啊～！謝謝你！
今川，這是之前借的漫畫！謝謝你！
不會，不客氣～
下班時滿載而歸…
背包裡是買的書
借來的書
借給別人的書
那我先走囉♡

行李很多…

約365天

我在休假時也很常去其他書店…
興奮
雀躍
在雜誌區…
整齊—
今天是女性時尚雜誌大量發售的日子…
早上應該很累吧…
正在被客人問到的…是明天岡山會進貨的人氣作品！
○○放在哪裡呢？
請您稍等
我們店應該也一樣…
…但因為會像這樣留意周遭環境
所以工作結束後去其他書店…
這是今天早上看到封面覺得很有趣的雜誌！
稍微看一下好了~
有種安心感（笑）

就是會在意啊…

果然是物以類聚

同事們也似乎
果然也會翻閱之前一直有興趣的書…
會在休假時去其他書店…
哎呀~午安！
今天休假嗎？
啊…業務小姐…
午安…
害羞~~
然後碰巧在那邊遇到業務員。
而如果是資深店員…
書店店員資歷超過10年的前輩
參考一下這間書店裡我負責的類別是怎麼擺設的吧…
…奇怪？
這個排法…是那間出版社的業務！
井然有序
光是看書櫃就知道認識很久的業務員有沒有來過！

超厲害（我完全看不出來）

有些事不得不做

來到附近書店的我…
愉快
高興
奇怪…?
好像有什麼想在其他書店看看的…
對了!
驚
沉思…
我得看看那本雜誌!
安靜地快速移動
確認我早上工作時，不知道該放哪個分類的雜誌放在哪…!
這裡同時放在時尚雜誌與生活雜誌2處…
果然也不知道放哪嘛!(笑)

我常這麼做～

間諜?

書店散步中…
四處走…
有什麼好玩的呢～
猛然
這是什麼!? 我沒看過的封面!
若發現我負責的類別裡有我不知道的書時，
內容是!?
啪啦啪啦
哇～
好棒喔～
好喜歡～(語彙力)
總之先拿起來翻看看內容…
出版社呢!?
○○社!!
啊～ 沒錯 挺像他們的!!
(你哪根蔥)
再看看書背…
什麼時候發售的!?
發售日是前天!?
…我們沒進貨，下個訂單吧。
最後再看看版權頁，就完成一連串找到新書的過程。

自己1個人很吵☆

明明只是興趣

在童書專區…
四處走…
有什麼好玩的呢~
猛然
!!
我都不知道這本童書有套裝版！
當作禮物！
人氣繪本
5冊套組
¥○○○○
真的超級可愛的~！
當作禮物也不錯，不過我自己想要…
我們店裡也下訂這個吧？
…還挺重的！
沉重
原來如此，這間書店位在購物中心內，有許多開車來的客群！
察覺…
開車載的話，買很重的書也沒關係…
跟我們的客群不一樣！

只是普通的調查。

視線的前方

啊~這櫃好漂亮~
閃閃發亮~
雖然擺放的書也不錯…
是太頭!!
真好—
但書櫃真的很漂亮！
這間書店的桌子也很漂亮！
盯
好吃的懸疑作品書展
我們要是能放這種桌子就好了…
（走道太窄了…）
運書車的顏色超酷！
黑色真的好帥~

書以外的事情也很有趣！

哪一種都喜歡

16點45分 來自書本的疲累靠書本緩解！

翻閱之前很想看的時尚居家雜誌。
這本封面很美，之前就想翻看看了♡
開心
翻
這是時尚達人的書櫃特輯！
書櫃 特輯
雖然我喜歡塞滿藏書的書櫃…
但我也很喜歡跟居家擺飾放在一起，充滿空間感的書櫃！
傻笑…
但總的來說…
我似乎只有一個選擇。
已經買書買到
滿滿的…
家裡只有少量藏書的人，原本就不買書嗎？
很矛盾的是，雖然想擁有大量藏書，但又想過上簡約的生活…
翻
翻
啊
說起來買電子書就好了…
用iPad
用手機！…
原來如此
可一旦知道看見實體書時
這印刷方式
紙質
加工
色澤
小鹿亂撞
心動
…那種怦然心動的感覺♡
果然還是實體書比較好呀～！
但可以攜帶大量書籍的電子書也很不錯。
嗯—…

感覺永遠分不出勝負…

變態？

如果跟朋友說我休假跟下班後都會去書店…
啥？
為什麼？哪裡的書店不都一樣嗎？
有時候會聽到這樣的回答
朋友
什麼？你在說什麼？
但完全
不是這樣！
嚇
每間書店擺放的書都不同！
陳列不同！
書櫃不同，POP廣告也不一樣！
根本就是另一個世界好嗎！
嘮嘮叨叨
碎念
我才不奇怪，要不我甚至為了去書店還會出遠門旅行！
書店最棒
果然是變態嘛…

一點也不奇怪吧？

擅自

去看其他分類吧…
嗯？
負責的店員正在搬運很大的紙箱！
身材那麼纖細搬得動看起來很重的紙箱嗎…（多管閒事）
那紙箱…
跟我們同一個經銷商！
○販
驚
……
放
辛苦你了！
默默看著…

擅自當作同伴。

增加的理由

16點45分 來自書本的疲累靠書本緩解！

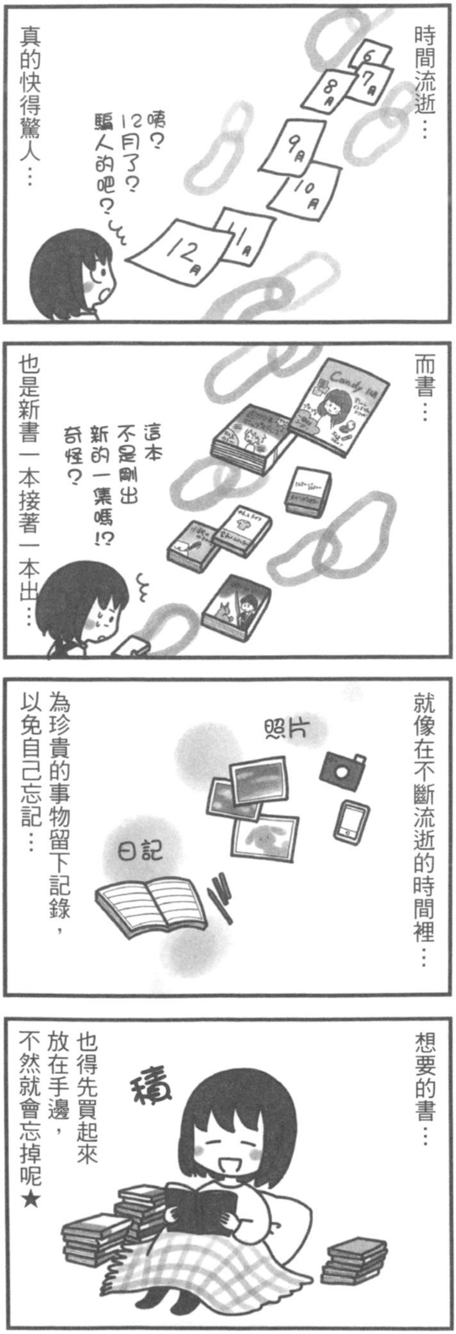
時間流逝…
咦？12月了？騙人的吧？
真的快得驚人…
而書…
這本不是剛出新的一集嗎!?奇怪？
也是新書一本接著一本出…
就像在不斷流逝的時間裡…
照片
日記
為珍貴的事物留下記錄，以免自己忘記…
想要的書…
積
也得先買起來放在手邊，
不然就會忘掉呢★

這就是囤書不看的開始…

換算

想出遠門！
想要可愛的衣服！
但也想要吃很多好吃的東西…
肉!!
還想喝期間限定的拿鐵。
但是…
¥5000
要買這個的話，就可以買那2本書了…
不管大小事都會換算成書…
嘿嘿…
便利商店的百圓咖啡
這本畫冊雖然很貴還是買了～好幸福♡
對書以外的東西往往比較吝嗇。

慾望無窮。

因為我也進了公司

趕快來結帳！是說我有QUO卡吧？
可以使用QUO卡嗎？
研修中的胸章！是新進員工！
驚
呃，QUO卡是…
QUO卡是這個！要用跟圖書卡不同的裝置掃…我覺得啦。
如果不行的話，我就付現金！還有，我不趕時間！
緊張慌亂…
非常謝謝您！
前輩來幫忙了。
鬆口氣—
總感覺我也很緊張…

很雞婆。

動搖的心

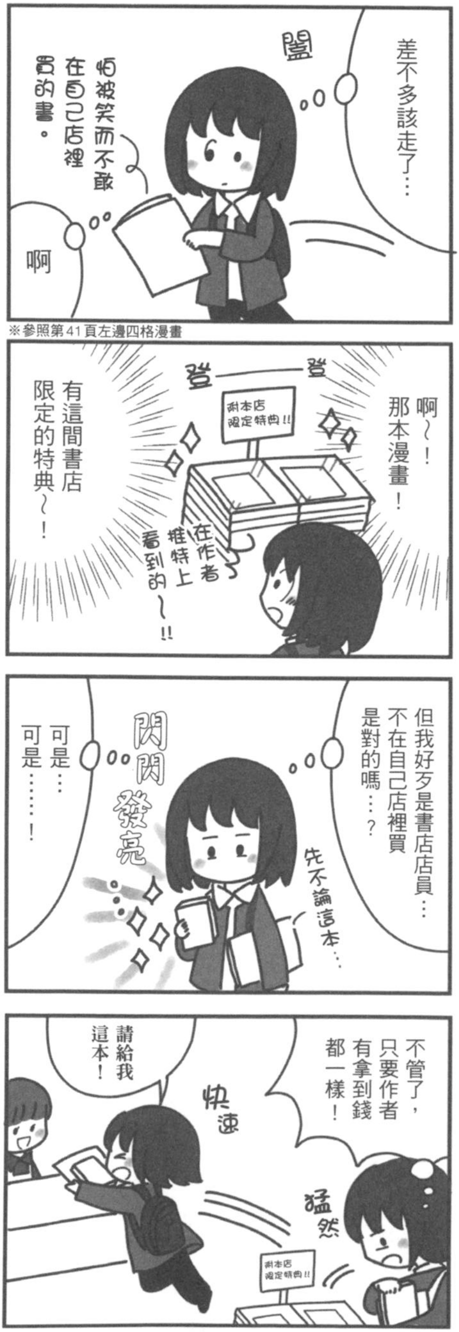
差不多該走了…
闔
怕被笑而不敢在自己店裡買的書。
啊
啊~！那本漫畫！
登——登
有這間書店限定的特典~！
附本店限定特典!!
在作者推特上看到的~!!
但我好歹是書店店員…不在自己店裡買是對的嗎…？
閃閃發亮
先不論這本…
可是…可是……！
不管了，只要作者有拿到錢都一樣！
請給我這本！
快速
猛然
附本店限定特典!!

※參照第41頁左邊四格漫畫

★買到了～！

16點45分　來自書本的疲累靠書本緩解！

原作

MOVIE
NEW!
貓咪永伴3
那就回去吧…（回店裡）
嗯？
NEW!
芥末會客室
這部電影！之前看過覺得很有趣的那部～！
嗯…這麼說起來…
在觀賞電影正片前的預告篇時…
這部電影快要上映了!?
原作還有庫存嗎…必須快點下訂…
想到這件事…
…從那之後
完蛋了!!
我就忘記下訂了～！
飛速!!!

前往第2個家（職場）～！

錯過的書

買到了、買到了～
開心愉快♪
嗯…感覺好像忘了什麼…
不對！慘了…！
驚覺
我忘記買那個了！
憧憬的居家擺飾
剛剛看到的雜誌！
收銀
收銀大排長龍～
人潮擁擠
轉身
…回到自己店裡
…嗯，果然。
要在自己的店裡買才對!!（好意思說）
再買好了…
轉身

結帳需要排隊時很容易放棄。

教教我!! 智慧貓頭鷹
原來是這樣!!
好像知道又不知道的書店解說專欄!!
如果能夠退貨，可以隨意下訂單嗎？
既然可以退貨…
那就訂一大堆書，賣不掉的話再退回去不就好了！書多一點，書店看起來也更氣派呀!!
少少…
不如
咚—
大量!!!
哈哈哈
訂個50本平堆起來吧!!
不可以！
這麼做會提高「退書率」的！
你在想什麼!!
搔抓
好痛。
退書率…？
什麼是退書率？
退書率如名字所示，指的是「退書相對於進書的比例」。
例如…
書店
進了好多書，但都賣不掉…
展示在這裡也已經好一段時間了，差不多可以退掉了吧…
失—望
推薦！
沒賣掉幾本的書
清爽！那接下來要進什麼書籍呢～！
退貨
沉甸甸
但即使書店是整理乾淨了，那麼出版社與經銷商呢…
呃…給這間書店出了這麼多新書，這不都幾乎退回來了嗎！進貨時已經離新書發售有段時間了，所以才錯過賣掉的最佳時機吧…
下次減少給這間書店的出貨量，轉給其他更會賣的書店吧…
…可能會造成這種情況喔！
這樣很困擾的…不過站在出版社與經銷商的立場，的確是會想把書出貨給更會賣的書店…
大驚—！
經銷商
出版社
PC
PC

所以才需要仔細審視狀況，精準下訂自家書店能賣掉的書！
看看前輩們是怎麼做的！
前輩們的做法是…
思考是否符合客群。
這適合我們書店的客人嗎？
新書
雖然是好書，但考量本店的地點很令人猶豫要不要進呢…
考量到書店所在位置的環境。
實際常遇到客人詢問的雜誌就增加進貨數（定期改正）
非…非常認真地在考慮進貨量！
好的…
探頭
查詢前作的資料。
這位作者下個月會出新書，前作的銷量如何呢…
那本雜誌的預訂量突然增加了～想多追加幾本…
穿心
丟臉
我終於知道我的做法多自以為是了…
叮—…
Ho Ho，知錯就好！
不能只因為自己喜歡這本書！自己想賣這本書！等理由就用公司的錢去下訂。
雖然挑戰新事物很好，但買書的終究是讀者！店裡沒有客人想買的書，書店就無人光顧了。
你說的對…
問問看前輩們吧，到底該怎麼看出什麼樣的書適合我們書店呢？
嗯——除了看銷量資料之外，我覺得跟出版社的業務交換情報也滿重要的。
書櫃歪了
調整…
不了!?
店裡這本賣得很好。
這類的書應該賣得不錯吧？
提出新企畫
啊
的確有這類的書喔
對方也會告訴我們這些情報
在交換情報的過程中有時就會碰上適合我們書店的書籍
只要抱持「我想賣！」的熱情，出版社那邊就會帶來許許多多的資訊跟提案～一起打造一間有趣的書店吧！
不實際做看看也不知道究竟能不能賣掉，這是經營書店的難處與趣味所在！
跟前輩或店長商量，在合理的進貨量內嘗試各式各樣的方法，就能培養自己的眼光喔～
原來如此…!!

確定要加班的瞬間

將運書車推回原處……
鬆口氣——
呼—
喀鏘
整理一下書架……
書脣歪了調整……不了！
本來就這個設計啊!!我搞錯了…以為是書脣
其實整個都是書脣
基本生活
回到辦公室。
準時~
回家前去哪裡逛逛吧…
歡迎光臨。
但是…
不好意思~
歡迎光臨！
狀況A
我想要這張紙上寫的文庫本，店裡有嗎？沒有的話幫我訂！
雖然是很舊的書…
寫滿
哇好多本~~
我幫您查詢…
看起來都很古早的書名寫得滿滿的…
跟書本接觸的時間
增加了好開心啊…
啦——
確定加班！
蓋章
狀況B
哎，再7分鐘就下班了卻有電話…
接起來吧，應該馬上就結束了！
喀洽
喂您好，這裡是三日月書店~
嘟嚕嚕嚕
好的，8項商品貨到付款…我知道了！
好多！
嗚喔喔，謝謝您買這麼多！
確定加班！
蓋章

就這樣開始加班了☆

THE★加班

狀況A的我
雖然也能交給晚班的店員，但量實在太多了⋯
狀況B的我
喀洽
就做吧！
要寄的8本書
整理在一起!!
快速奔走
狀況A的我
這本沒有庫存
這本也沒有，這本也沒有⋯
先告訴對方需要花很多時間，然後查詢庫存！
查詢中⋯
哇！這本在出版社有庫存！明明很久以前的書了，好意外！
有時候會有這種事，所以還是請各位不妨來書店問問看！
接著告訴對方庫存狀況，填寫訂單！
高速填寫
手寫訂單好花時間~！
完成後交給客人收存！
謝謝你~
您訂購的書到貨後，會再電話通知您~
最後用電腦或電話下訂。
狀況B的我
把待寄的書集齊後，用收銀機列印貨到付款的文件！
跟同事確認無誤後，就包裝寄出！
快速俐落
泡泡紙
貨到付款輸入
因處理各種事務加班30分鐘後⋯
A的我
完成工作！
B的我

16點45分　來自書本的疲累靠書本緩解！

加班前毫無徵兆，每次都讓我心驚膽戰⋯

終結的開始

回到辦公室的我……
呼……
終於結束了……
奇怪！
嚇
大家都還沒下班嗎！
我正在輸入下個月發售的MOOK跟雜誌增刊的訂購數……
一大排一
將書名、發售日、售價等整理在一起的Excel表格
嗯喔
我正在想下個月發售的漫畫要訂幾本……
一大排一
同樣有書名等資訊的表格
字好小！好像螞蟻……

※月刊每個月（幾乎）都進固定的數量

※漫畫由負責的店員決定所有進貨的量

很傷眼睛的工作。

體力回復道具

別管我們，你快回家吧~
呃啊ー眼睛!!
好，你們辛苦了……
我也快結束了……
再見啦加班~！
打卡!!
嘩
上班
下班
對了
明天開始這本漫畫會附上特典喔~
要記得喔。
!!
特典一覽
哇~明天開始？
好棒喔~好興奮!!
真期待發給客人的樣子！
客人們會很高興的ー
我只覺得發這個很辛苦而已……

特典可是很有魅力的♡

關於特典

16點45分 來自書本的疲累靠書本緩解！

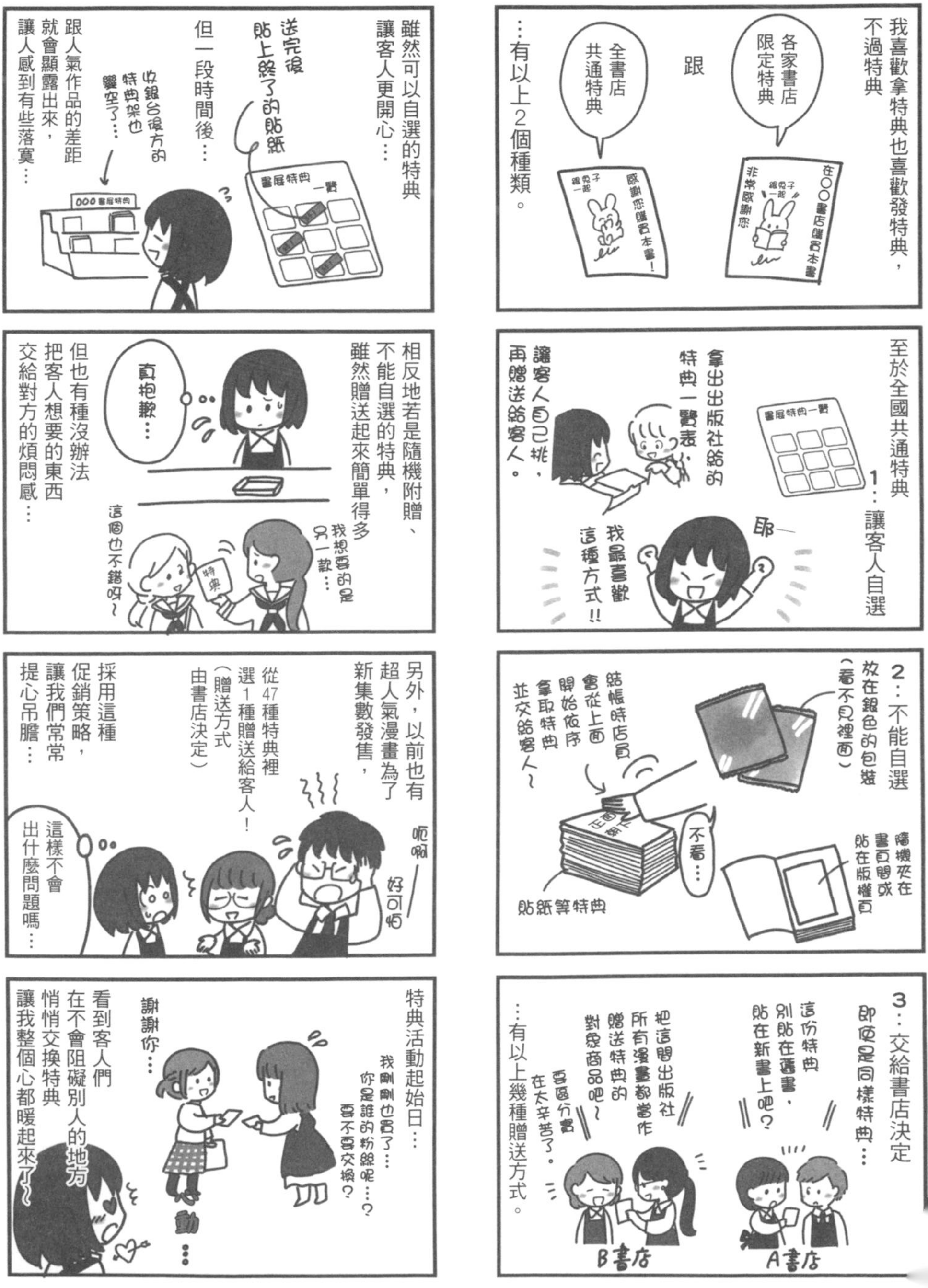
我喜歡拿特典也喜歡發特典，
不過特典
各家書店限定特典
跟
全書店共通特典
…有以上2個種類。
在〇〇書店購買本書
非常感謝您
跟兔子一起
感謝您購買本書！
跟兔子一起
至於全國共通特典
1：讓客人自選
書展特典一覽
拿出出版社給的特典一覽表，
讓客人自己挑，再贈送給客人。
耶—
我最喜歡這種方式!!
2：不能自選
放在銀色的包裝（看不見裡面）
結帳時店員會從上面開始依序拿取特典並交給客人～
不看…
隨機夾在書頁間或貼在版權頁
貼紙等特典
3：交給書店決定
即使是同樣特典…
這份特典別貼在舊書，貼在新書上吧？
把這間出版社所有漫畫都當作贈送特典的對象商品吧～
要區分實在太辛苦了。
…有以上幾種贈送方式。
A書店
B書店
雖然可以自選的特典讓客人更開心…
書展特典一覽
送完後貼上終了的貼紙
但一段時間後…
收銀台後方的特典架也變空了…
〇〇〇書展特典
跟人氣作品的差距就會顯露出來，讓人感到有些落寞…
相反地若是隨機附贈、不能自選的特典，雖然贈送起來簡單得多
真抱歉…
我想要的是另一款…
特典
這個也不錯呀～
但也有種沒辦法把客人想要的東西交給對方的煩悶感…
另外，以前也有超人氣漫畫為了新集數發售，
從47種特典裡選1種贈送給客人！（贈送方式由書店決定）
呃啊—好可怕
採用這種促銷策略，讓我們常常提心吊膽…
這樣不會出什麼問題嗎…
特典活動起始日…
我剛剛也買了…你是誰的粉絲呢…？要不要交換？
謝謝你…
看到客人們在不會阻礙別人的地方悄悄交換特典讓我整個心都暖起來了～
動…

希望大家都喜歡特典！

在車站月台上

啊～工作好累……
嗯？
那是！我們書店的書套！
左邊的人也是！
我不能輸……
大家都一樣

感謝您來店消費！

雖然搭上車

喀噠
叩咚
啊，電車來了！
真幸運～！可以坐下——
坐
……感覺好像忘了什麼？
驚…！！
憧憬的居家擺飾
打造理想房間
早上感興趣的那本雜誌……
今天就想看！
猛
回店裡買吧！

來去匆匆。

書店店員的秘密

16點45分　來自書本的疲累靠書本緩解！

回來了！
（店裡）
目不轉睛盯著看——
……有個客人非常專心地看著少女漫畫的櫃子耶。
那不是我們負責漫畫區的店員嗎……！
閃閃發光
辛苦了～！
你還沒下班嗎？
嚇一跳
哇
嚇我一跳，我以為你回去了！
今天的工作是結束了，不過我在寫這個……
想說順便……
這是什麼？
「書店店員推薦漫畫」？
從目前仍在發行且集數不滿5集的作品中選擇一部作品，加上評語後再投稿給主辦單位。
書店店員推薦漫畫
少年部門
青年
少女部門
是喔～！
我沒參加過耶!!
其實還有很多種書店店員可以參與投票的獎項……
推薦書!!
本屋大賞
○○大賞
是我們選的!!
我們很推薦喔——
趁工作空閒或上班以外的時間閱讀作品，再加上評語投稿出去。
真是的
下班後的前輩
雖然不是強制參加，只是我個人興趣而已，
……但這裡面，
有部作品的評語特別能感受到熱情啊……
這是你真心推薦的作品吧？
……嗯♡
害羞……
推薦漫畫
少年部門

是興趣還是工作呢☆

稀有物品

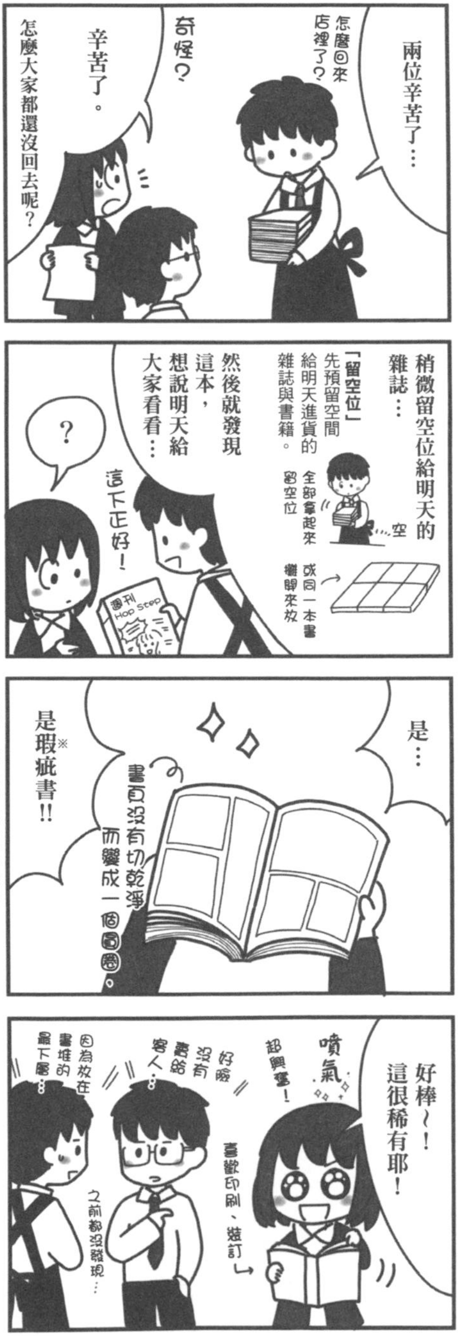
兩位辛苦了…
怎麼回來店裡了??
奇怪?
辛苦了。
怎麼大家都還沒回去呢?
稍微留空位給明天的雜誌…
「留空位」先預留空間給明天進貨的雜誌與書籍。
全部拿起來
空
留空位
或同一本書攤開來放
然後就發現這本，想說明天給大家看看…
?
這下正好!
週刊 Hop Step
是…
書頁沒有切乾淨而變成一個圓圈。
是瑕疵書※!!
好棒~!這很稀有耶!
噴氣
超興奮!
好險沒有給客人…
因為放在書堆的最下層…
喜歡印刷、裝訂
之前都沒發現…

這對喜歡印刷與裝訂的人來說好玩得不得了…

※瑕疵書=書頁像右邊這樣沒切乾淨，或在裝訂過程中發生某種問題的書

回饋

我又買了好多想要的書。
早上這些雜誌是我陳列的，馬上就知道位置了☆
雖然我四處去買書
乍看之下很像在亂花錢…
1000
但這是因為今天…
是發薪日!
祝
發薪日
而發薪日同時也是…
把錢回饋給店裡的日子。
薪水
1000
店
買書
1000

不斷循環~

後日談

16點45分 來自書本的疲累靠書本緩解！

為「書店店員推薦漫畫」投票與留下評語的漫畫區負責人…
投票結果出來了，裡面裝了好多宣傳廣告……
內含廣告
得獎作品的廣告會採用誰的評語呢…
→書店店員的評語會被做成POP廣告。
哇！
有個評語超級熱情啊…
滿滿…
咦…
這不就是我的評語嗎！

竟然被採用了！（真實故事）

真的回家

咦？你辛苦了！我以為你回家了~
辛苦了~
我跑回來了!!
剛剛客人結帳時拿著麥●勞的袋子，味道好香…害我肚子餓了~
簡直是香味暴力呢。
流口水~
咕嚕
我現在要下班了，要一起喝個茶再回去嗎？
呼—
要！
就這樣…
離開前我可以買一下書嗎？
當然OK~
1天終於結束了。

大家辛苦了！

教教我!!智慧貓頭鷹

關於書籍的成本

CASHIER
歡迎光臨
我擺設的書!!
!!
飛奔
太好了~~~
聽我說，我陳列的書賣出去了~!
好高興喔
Ho Ho~!恭喜你了!對書店店員來說是最令人振奮的瞬間呢~
話說回來，你知道書籍的售價包含哪些具體內容嗎?
拍手 拍手
嘿嘿…
突然就安靜了呢…

這是書籍售價的詳細內容~

原來是這樣!!
好像知道又不知道的書店解說專欄!!

以本體價格1000日圓的書籍為例

紙張、印刷、裝訂等直接製造成本	300日圓	本體價格的30%左右
銷售費、管理費等間接成本	200日圓	本體價格的20%～30%左右
出版社的利潤	200日圓	本體價格的10%～20%左右
經銷商的抽成	80日圓	本體價格的8%左右
書店的抽成	220日圓	本體價格的22%左右

若印刷量不同，紙張費用等直接製造成本也會隨之變動。
每間出版社對間接成本的計算方式有相當差異。
印量少的時候，出版社在初版的階段可能無法獲得利潤。
（資料來源：岡部一郎《出版營業手冊（基礎篇）改訂2版》，出版Media Pal，34頁）

再怎麼努力賣書，書店的利潤也只有約2成而已…
淚光閃閃
打一擊
別這麼說…
畢竟想完成1本書籍需要經過非常多人手，
那…把價格提高不就好了…?
太少了啦~…
如果提高價格…就買不起書囉

關於偷竊
現在書店要面臨日益嚴重的盜竊事件！甚至還有書店因為偷書賊太過猖獗而被迫關門倒閉⋯⋯
在這之中受害情況最嚴重的就是漫畫!!
由於在書店裡站著閱讀頗為常見，就算長時間埋伏也不會太顯眼；此外書櫃等擺設讓書店裡死角很多，難以徹底杜絕偷竊⋯⋯
匆匆忙忙⋯
而且店員每天都很忙⋯⋯
多聘用幾位店員！
據說有人偷竊成功後還食髓知味，喜歡上那種刺激感⋯⋯
可一旦在書店偷過一次書，你就已經被標記了！
咚!!
店員如果發現奇怪的行為，就會調出監視器仔細觀察並記錄犯人的特徵，等待對方下次再來書店⋯⋯
當然這時候就會呼叫警察了。
書店賣1本書的利潤約為2成⋯⋯
簡單換算下來，同一個價格的書必須賣掉5本才能賺取1本書的所得⋯⋯
然而若還因為偷竊造成損失那就太豈有此理了！請絕對不要這麼做！
左顧右盼
生氣
另外也請不要將特定頁面拍照下來，這是「數位盜竊」！
書店販賣的是資訊，若有需要的資訊請先購買後放在身邊隨時查看吧！
喀嚓!!
最近因為塑膠袋開始需要付費，所以我們會請不要塑膠袋的客人在購買後的商品裡夾進發票。
這麼做或許會讓客人們感到很麻煩⋯⋯但為了讓店員一眼看出是已經購買的商品，因此就算只在店內也沒關係，希望大家多多配合。
此外，為了杜絕偷竊，還有一些書店會設置監視器、引進防盜竊用的條碼、或提高戒備強化各種防盜措施！
偷竊一定會被抓！請勿心存僥倖！
戒備

漫畫區負責人
恭喜!!

耶
太好了～!!
恭喜你～
我想說只要大聲呼喊
愛就能傳達給大家…

在用於全國書店的POP廣告中
本店漫畫區負責人的評語被採用了！好厲害!!

所以書店店員才令人欲罷不能！

你辛苦了~!!
吃些甜點吧…
雖然辦公室有點窄,但不妨在這裡坐著休息一下~
辛苦了~請喝咖啡
店長出差的伴手禮（笑）
細嚼慢嚥…
…那麼
當了1天的書店店員,覺得怎麼樣呢?
是不是很有趣呢?
啊…比想像中還重勞動嗎…?
用社團活動來分的話算運動社團?
很令人意外吧~!身體會變得愈來愈結實!
肌肉發達
被客人詢問的次數嚇到了?
啊哈哈
沒錯!有種變成大明星的感覺呢!
不過也有客人詢問才認識的書!真的很感謝他們—
若是已經在其他書店工作的同行,說不定會有「我們這邊更累」的意見…
我想可能也有「你很不得要領耶!!」的意見…真是對不起…
各位真的辛苦了…
我很尊敬各位…
你問工作這麼辛苦,難道都沒有討厭的事嗎?
哈哈哈
畢竟是人類…當然還是有。

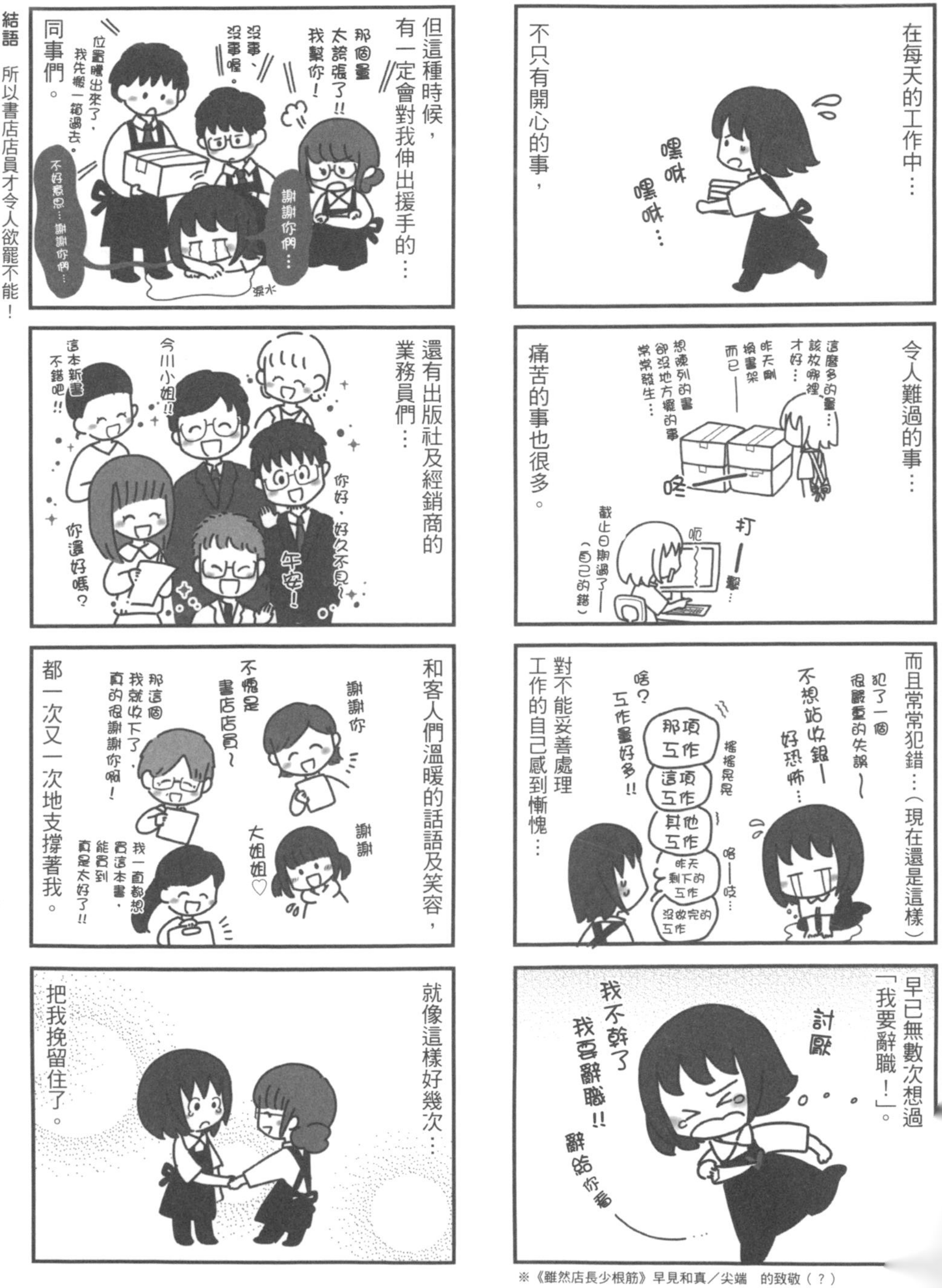
在每天的工作中…
嘿咻
嘿咻…
不只有開心的事，
令人難過的事…
這麼多的量…該放哪裡才好…
昨天剛換書架而已—
想陳列的書卻沒地方擺的事常常發生…
咚
痛苦的事也很多。
打—擊…
呃
截止日期過了—（自己的錯）
而且常常犯錯…（現在還是這樣）
犯了一個很嚴重的失誤～
不想站收銀—好恐怖…
搖搖晃晃
咯—吱…
那項工作
這項工作
其他工作
昨天剩下的工作
沒做完的工作
啥？工作量好多!!
對不能妥善處理工作的自己感到慚愧…
早已無數次想過「我要辭職！」。
討厭
我不幹了
我要辭職!!
辭給你看…
但這種時候，有一定會對我伸出援手的…
那個量太誇張了!!我幫你！
沒事、沒事喔。
位置騰出來了，我先搬一箱過去。
謝謝你們…
不好意思…謝謝你們…
淚水
同事們。
還有出版社及經銷商的業務員們…
這本新書不錯吧!!
今川小姐!!
你好，好久不見～
午安！
你還好嗎？
和客人們溫暖的話語及笑容，
謝謝你
不愧是書店店員～
那這個我就收下了，真的很謝謝你啊！
謝謝
大姐姐♡
我一直都想買這本書，能買到真是太好了!!
都一次又一次地支撐著我。
就像這樣好幾次…
把我挽留住了。
結語 所以書店店員才令人欲罷不能！

※《雖然店長少根筋》早見和真／尖端 的致敬（？）

我現在工作的書店……
2
是我第2間工作的書店了。
現在回想起來，當初被告知之前的書店要歇業時
看來書店店員的人生就此閉幕了……
店長
那時候的我卻異常冷靜。
歇業後不久便迎來了新冠疫情……
stay home…
進入在家自肅的生活……
解除緊急事態宣言後，我去了趟好久沒有造訪的書店。
嘰——
歡迎光臨——
然後……
……
新書
在以前的書店對我很好的經銷商聯絡我……
即使我不再是一名書店店員，但新書仍每天源源不絕地發售……
即使我工作的書店熄燈，其他書店的日常也仍會持續下去……
唉，我真的不再是書店店員了……
到這時候我才真正有了離開書店的真實感。
雖然心裡有種開了一個大洞的落寞感……
但我還是高興地買了書，帶著期待的心情回家。

結語　所以書店店員才令人欲罷不能！

不過在緊急事態宣言解除後過了一陣子…
啊，是●●小姐！
在以前的職場待我很好的經銷商聯絡我，
告訴我有間書店準備要徵才。
這樣啊…
還請您考慮看看！
我空有資歷但幾乎沒有知識耶，沒問題嗎…
雖然心中欣喜萬分，但我還是感到相當猶豫。
我都已經要30歲了，不趁這個機會轉換跑道可以嗎？
雖說我很感謝這條消息…
我也差不多該做些薪水穩定的工作，自己獨立出去好讓父母安心了吧…
可是…在這詭譎的時
沒人知道接下來會發生什麼…
新書
既然如此，堅持做自己喜歡的事不也很好嗎。
值得慶幸的是周遭的人都支持我…
哇—!!
墨色圍裙好帥!!
讓我可以第2次走上書店店員的人生。
研修中久違地為文庫本上架時…
啊…
輕鬆
拿書的手依舊這麼自然，讓我安心不已。
穿著全新的圍裙跟以前就認識的業務見面時…
今川小姐!!
很高興又遇到你了~但圍裙不一樣好不習慣（笑）
嘿笑~
我也是…!
心中湧現一股喜悅之情。
這時候我才漸漸察覺，無論書還是與書有關的人們…
都在我不知不覺間，早已成為我心裡的一部分。

成為書店店員前的OL時代…
坐著工作&整天用電腦辦公。
一切都如此穩定，同事也都很親切，工作起來相當開心…
但即便如此心裡還是有些疙瘩…
想做更喜歡的工作…
煩悶…
我想這都是因為我有這樣的期待。
成了書店店員後…
那個是—
原來是這個意思嗎~!!
每天都很開心、很幸福。
過去感覺到的煩悶感已經煙消雲散了。
這本書好棒~
哇—!
那本書這次也要出新集數了!
好期待喔~
不久後作為書店店員，開始在推特發布書店生活的趣味四格漫畫…
想告訴大家書店的有趣之處。
希望跟我一樣愛書，也遇到跟我一樣處境的書店店員們可以繼續堅持下去…
想為他們加油打氣！
但反倒是愛書人或書店店員給我的留言…
哇—
真的常遇到這種事!!
我懂你的心情~!!
可以了解書店店員的工作，好有趣!!
我會為你加油!
好高興喔…
成為我的心靈支柱。
在這之中…
咦—!
最近剛成為書店店員，四格漫畫幫了我很多忙!
超開心…
還有這樣的留言~
因為我也是空有資歷但很無知的書店店員，所以想多學習相關的知識…
嗯…
…於是我在專欄裡放進了各式各樣的小知識。

雖然每天事情很多……
今天──
進貨量有多少呢？（●螺小姐風）
對不翻開來看不知道的補書量感到忐忑不安
排得滿滿
但我最喜歡現在書店店員的生活。
被最愛的書本環繞……
同事
哇──咿
社群網站上的書店店員同伴。
很幸運地我有許多很棒的同伴，每天都很有活力地工作。
雖然覺得「興趣當工作」是非常美好的事情……
但另一方面……
一想到接下來的人
這樣下去真的沒問題嗎……
只要開心就好了嗎……
坦白說還是會湧現不安的心情。
但即便現在……
喀嗒喀嗒
辭去書店店員，從事完全不同領域的工作的話，
我想也一定會不斷回想起「曾是書店店員的自己」……
驚
月初了……也就是說那本文庫與漫畫發售了！
好好喔…但我已經不是書店店員了……
並感到羨慕與空虛才是。
然後再次……
呼──
回家吧
煩悶…
心裡充滿無法填補的寂寞，茫然地過著每一天……
我很珍惜能夠每天接觸喜愛事物的現在……
啊
歡迎光臨──
我還想作為書店店員，再繼續努力下去。

結語 所以書店店員才令人欲罷不能！

後記

非常感謝你讀到最後。

雖然我從以前就很喜歡書，
但讀書量實在稱不上很多，
而且類型也相當偏；
比起複雜難解的書，
我更喜歡描繪日常溫暖的小說、隨筆，
或是雜誌、實用書及漫畫。

即便如此，
我仍會看看書櫃上的書背，
或品味書本的紙質、印刷及裝訂。
我喜歡「盯著書本看」。
我喜歡看著「正在讀書的人」。
我喜歡「熱切談論書本的人」。

在繪製本書的同時我仍在書店工作，
我感覺我果然還是喜歡書，
也喜歡對書愛不釋手的人。

跟愛書的人聊天時，
會發現大家都露出燦爛的笑容，
「喜歡書本」的心情溢於言表。

當看到客人在書店開心地聊著書、
聽到他們雀躍的聲音時，我會覺得我真的很幸福。
在工作之餘看到這副光景時，
有時候會情不自禁地流出眼淚（年紀大了…）。

把我培育成書店店員，總是不遺餘力幫助我的職場前輩與後輩，
總是帶著笑容拜訪書店的各位出版社、經銷商業務們，
在社群網站上為書店店員四格漫畫加油打氣的大家，
挖掘我的責任編輯神崎夢現先生，
發行本書的出版社廣濟堂出版，
請讓我在此致上萬分謝意。

最後是把這本書看完的你！
在茫茫書海裡找出這本書，
真的非常謝謝你。

這本四格漫畫充其量只是我工作的書店所發生的各種日常趣事，
我想每間書店的情況都不一樣才是。
若有機會的話，
我強力推薦實際成為一名書店店員試試看。
（雖然辛苦難過的事不會少，但我想包含這些在內，工作的點點滴滴全部都能成為非常快樂的經驗！）

若你看完這本書，
能對書店有更多興趣、覺得更為親近了，
就是最令我高興的事。

今川由依

參考文獻

《本屋って何？》秋田喜代美監修，稲葉茂勝著，Minerva書房
《これからの本屋読本》內沼晉太郎著，ＮＨＫ出版
《本を売る技術》矢部潤子著，本之雜誌社
《雑誌出版ガイドブック》橋本健午著，日本編輯學校出版部
《本の知識 ―― 本に関心のあるすべての人へ！》日本編輯學校編，日本編輯學校出版部
《出版営業ハンドブック 基礎編 変貌する出版界とこれからの販売戦略》岡部一郎著，出版Media Pal
《万引きする人、こんにちわ》順手牽羊對策研究會著，創土社
《たたかう書店 ―― メガブックセンター・責任販売・万引き戦争 ジャンル別マネジメント・新古書店対策》青田恵一著，青田Corporation

作者簡介

今川由依

1990年生於岡山，於岡山長大。曾是一般上班族，但為了將興趣當成工作而成為書店店員。喜歡觀察書本的紙質與裝訂方式，常望著書架上排列整齊的書背發呆。除了四格漫畫外，也繪製廣告插圖、隨筆插畫及各類文章插圖。

【Twitter】 いまがわゆい@ othellolapin
https://twitter.com/othellolapin

出版／楓書坊文化出版社
地址／新北市板橋區信義路163巷3號10樓
郵政劃撥／19907596 楓書坊文化出版社
網址／www.maplebook.com.tw
電話／02-2957-6096
傳真／02-2957-6435
作者／今川由依
翻譯／林農凱
責任編輯／林雨欣
內文排版／楊亞容
港澳經銷／泛華發行代理有限公司
定價／350元
初版日期／2023年10月

國家圖書館出版品預行編目資料

書店圖鑑：體驗一日店員，揭開書店工作日常!
/ 今川由依作；林農凱譯. -- 初版. -- 新北市：
楓書坊文化出版社, 2023.10 面； 公分

ISBN 978-986-377-902-5（平裝）

1. 書業 2. 漫畫

487.6 112014540